耕地地力评价与利用

杨新莲　主编

中国农业出版社

内容简介

本书全面系统地介绍了山西省灵丘县耕地地力评价与利用的方法及内容。首次对灵丘县耕地资源历史、现状及问题进行了分析、探讨，并引用大量调查分析数据对灵丘县耕地地力、中低产田地力和果园状况等做了深入细致的分析。揭示了灵丘县耕地资源的本质及目前存在的问题，提出了耕地资源合理改良利用意见，为各级农业科技工作者、各级农业决策者制订农业发展规划，调整农业产业结构，加快绿色、无公害农产品基地建设步伐，保证粮食生产安全，科学施肥，退耕还林还草，进行节水农业、生态农业及农业现代化、信息化建设提供了科学依据。

本书共七章。第一章：自然与农业生产概况；第二章：耕地地力调查与质量评价的内容和方法；第三章：耕地土壤属性；第四章：耕地地力评价；第五章：中低产田类型分布及改良利用；第六章：耕地地力评价与测土配方施肥；第七章：耕地地力评价应用研究。

本书适宜农业、土肥科技工作者及从事农业技术推广与农业生产管理的人员阅读。

编 写 人 员 名 单

主　　编： 杨新莲

副 主 编： 李栋琦　孙　敏

编写人员（按姓名笔画排序）：

马桂兰　王亚平　王海景　石文廷

兰晓庆　刘文波　刘胜平　刘晓英

齐全孝　闫维平　孙　敏　李　海

李志刚　李栋琦　杨新莲　张晓红

张登继　张殿堂　张藕珠　周晓梓

赵小凤　赵建明　赵桂林　贾天利

康　宇　臧　荣

序

农业是国民经济的基础，农业发展是国计民生的大事。为适应我国农业发展的需要，确保粮食安全和增强我国农产品竞争的能力，促进农业结构战略性调整和优质、高产、高效、生态农业的发展。针对当前我国耕地土壤存在的突出问题，2008年在农业部精心组织和部署下，灵丘县成为测土配方施肥补贴项目县，根据《全国测土配方施肥技术规范》积极开展了测土配方施肥工作，同时认真实施了耕地地力调查与评价。在山西省土壤肥料工作站、山西农业大学资源环境学院、大同市土壤肥料工作站、灵丘县农业委员会广大科技人员的共同努力下，2010年完成了灵丘县耕地地力调查与评价工作。通过耕地地力调查与评价工作的开展，摸清了灵丘县耕地地力状况，查清了影响当地农业生产持续发展的主要制约因素，建立了灵丘县耕地地力评价体系，提出了灵丘县耕地资源合理配置及耕地适宜种植、科学施肥及土壤退化修复的意见和方法，初步构建了灵丘县耕地资源信息管理系统。这些成果为全面提高灵丘县农业生产水平，实现耕地质量计算机动态监控管理，适时为辖区内各个耕地基础管理单元土、水、肥、气、热状况及调节措施提供了基础数据平台和管理依据。同时，也为各级农业决策者制订农业发展规划，调整农业产业结构，加快无公害、绿色、有机食品基地建设步伐，保证粮食生产安全以及促进农业现代化建设提供了第一手资料和最直接的科学依据，也为今后大面积开展耕地地力调查与评价工作，实施耕地综合生产能力建设，发展旱作节水农业，测土配方施肥及其他农业新技术普及工作提供了技术支撑。

《灵丘县耕地地力评价与利用》一书，系统地介绍了耕地资源评价的方法与内容，应用大量的调查分析资料，分析研究了灵丘县耕地资源的利用现状及问题，提出了合理利用的对策和建议。该书集理论指导性和实践应用性为一体，是一本值得推荐的实用技术读物。我相信，该书的出版将对灵丘县耕地的培肥和保养、耕地资源的合理配置、农业结构调整及提高农业综合生产能力起到积极的促进作用。

王高勇

2013年12月

前言

耕地是人类获取粮食及其他农产品最重要的、不可替代的、不可再生的资源，是人类赖以生存和发展的最基本的物质基础，是农业发展必不可少的根本保障。新中国成立以来，山西省灵丘县先后开展了两次土壤普查。两次土壤普查工作的开展，为灵丘县国土资源的综合利用、施肥制度改革、粮食生产安全做出了重大贡献。近年来，随着农村经济体制的改革以及人口、资源、环境与经济发展矛盾的日益突出，农业种植结构、耕作制度、作物品种、产量水平以及肥料和农药的使用等方面均发生了巨大变化，产生了诸多如耕地数量锐减、土壤退化污染、水土流失等问题。针对这些问题，开展耕地地力评价工作是非常及时、必要和有意义的。特别是对耕地资源合理配置、农业结构调整、保证粮食生产安全、实现农业可持续发展有着非常重要的意义。

2008年3月至2010年12月，在农业部精心组织下，山西省土壤肥料工作站、大同市土壤肥料工作站以及灵丘县农业委员会广大科技人员经过充分调研，开展了灵丘县耕地地力调查与质量评价工作，基本查清了灵丘县耕地地力、土壤养分、土壤障碍因素状况，划定了灵丘县农产品种植区域、配方施肥区域；建立了较为完善、可操作性强、科技含量高的灵丘县耕地地力评价体系，并充分应用GIS、GPS技术初步构筑了灵丘县耕地资源信息管理系统；提出了灵丘县耕地保护、地力培肥、耕地适宜种植、科学施肥及土壤退化修复办法等，形成了具有生产指导意义的多幅数字化成果图。收集资料之广泛、调查数据之系统、成果内容之全面是前所未有的。这些成果为全面提高农业工作的管理水平，实现耕地质量计算机动态监控管理，适时为辖区内各个耕地基础管理单元土、水、肥、气、热状况及调节措施提供了基础数据平台和管理依据。同时，也为各级农业决策者制订农业发展规划，调整农业产业结构，加快无公害、绿色、有机食品基地建设步伐，保证粮食生产安全，进行耕地资源合理改良利用，科学施肥以及退耕还林还草、节水农业、生态农业，农业现代化建设提供了第一手资料和最直接的科学依据。

为了将调查与评价成果尽快应用于农业生产，在全面总结灵丘县耕地地力评价成果的基础上，引用了大量成果应用实例和第二次土壤普查、土地调查有关资料，编写了《灵丘县耕地地力评价与利用》一书。本书比较全面系统地阐述了灵丘县耕地资源类型、分布、地理与质量基础、利用状况、改良措施等，并将近年来农业推广工作中的大量成果资料录入其中，从而增加了该书的可读性和可操作性。

在本书编写的过程中，承蒙山西省土壤肥料工作站、山西省农业大学资源环境学院、大同市土壤肥料工作站、灵丘县农业委员会广大技术人员的热忱帮助和支持，特别是灵丘县农业委员会的工作人员在野外调查、土样采集、农户调查、数据库建设、资料收集等方面做了大量的基础工作。土样分析化验工作由大同市土壤肥料工作站测试中心完成；图形矢量化、土壤养分图、耕地地力等级图、中低产田分布图、数据库和地力评价工作由山西农业大学资源环境学院和山西省土壤肥料工作站完成；野外调查、室内数据汇总、图文资料收集和文字编写工作由灵丘县农业委员会和大同市土壤肥料工作站相关人员完成，在此一并致谢。

由于编者水平所限，书中难免有疏漏与不妥之处，恳请读者批评指正。

编　者

2013年12月

目录

第一章　自然与农业生产概况

第一节　自然与农村经济概况

一、地理位置与行政区划

灵丘县位于山西省东北部、大同市东南角，地理坐标为北纬39°31′～39°38′，东经113°51′～114°33′。东与河北省涞源县、蔚县接壤，南与河北省阜平县交界，西与山西省繁峙县、浑源县毗邻，北与山西省广灵县相连。全境南北长84千米，东西宽66千米，总面积2 732平方千米（合4 098 000亩①），是大同市第一大县、全省第四大县。

“灵丘”之名始于战国，因战国时期赵国第六位国君赵武灵王葬于此地而得名。西汉初置灵丘县，属代郡。东汉光和元年属中山国，不久废。北魏复置灵丘县，属司州，太和中年属恒州，东魏太平二年为灵丘郡治，隋属蔚州，后陷废。唐武德六年复置灵丘县，重为成州，属西京路。元复为灵丘县，属蔚州。清雍正六年（1728年），蔚州归直隶（河北省）宣化府，而灵丘县则由隶属蔚州改属山西大同府。民国属雁门道。1937年属山西省第一行政区（沿五台）。1937年9月25日平型关大捷后灵丘县开辟为抗日革命根据地，1938年1月晋察冀边区成立，灵丘属第二专区。1945年3月31日灵丘县解放，属晋察冀边区。1949年8月属察哈尔省雁北专署，1952年11月重归山西省雁北专署，1959年1月属山西省雁北地区，1993年7月地市合并后属大同市。

灵丘县辖3镇9乡，254个行政村（居）委，486个自然村。2010年年末，全县居民总户数7.039 3万户，总人口24.352 6万人。其中农业人口20万人，城镇人口4万人，人口平均增长率为6.32%。灵丘县基本情况见表1-1。

表1-1　灵丘县行政区划基本情况统计

乡（镇）	面积（万亩）	行政村（个）	自然村（个）	户数（万户）	人口（万人）
武灵镇	34	44	54	2.459 8	5.828 6
东河南镇	37	28	56	0.924 1	3.621 3
落水河乡	43	23	46	0.872 5	2.970 5
红石塄乡	22	13	27	0.131 7	0.672 4
上寨镇	43	19	66	0.582 4	2.146 2
下关乡	39	14	56	0.290 3	1.934 7
独峪乡	40	19	39	0.281 2	1.167 3

① 亩为非法定计量单位，1亩=1/15公顷。

（续）

乡（镇）	面积（万亩）	行政村（个）	自然村（个）	户数（万户）	人口（万人）
白崖台乡	31	16	30	0.165 3	0.841 5
石家田乡	27	17	18	0.294 4	1.265 2
柳科乡	30	17	20	0.263 2	0.954 3
史庄乡	21	13	23	0.232 7	0.985 4
赵北乡	42	31	51	0.551 7	1.965 2
合计	409	254	486	7.039 3	24.352 6

灵丘县政府驻武灵镇。武灵镇位于县境中心偏北，是全县政治、经济和文化中心。

二、土地资源概况

灵丘县处于山西黄土高原东北部，地形复杂，山多川少，素有“九分山水一分田”之说。整个地势西北高、东南低，中间较平缓。东部和中部山区为太行山余脉，北部和西部山区为恒山南延，南部和西南部山区为五台山北支。中部太白巍山突兀而起，唐河横贯县境东西，两岸为东西走向的狭长盆地。北部峰峦起伏，山河交错，形成沟壑纵横的土石丘陵景观。东南部山大沟深，悬崖峭壁，河流环绕于山间，形成极其壮丽的山地景观。

根据地形地貌基本特征可将全县分为 4 个区，即南部石山区、中部平川区、北部丘陵区和北部土石山区。见表 1－2。

表 1－2　灵丘县地形地貌分区情况

分　区	海拔（米）	区域总面积（千米^2）	所占百分比（%）
南部石山区	2 200～550	1 347.88	49.4
中部平川区	1 000～600	194.08	7.0
北部丘陵区	1 800～1 000	754.82	27.6
北部土石山区	2 234～1 400	435.22	16.0

灵丘县大小山峰 500 余座，海拔 1 500 米以上的 55 座，2 000 米以上的 3 座。最低海拔是花塔村为 550 米，最高海拔是太白巍山主峰为 2 234 米。

受自然条件和气候的影响，灵丘县土壤分布比较复杂，全县土壤可分为四大类，10 个亚类，26 个土属，71 个土种。褐土广泛分布于唐河二级阶地、黄土丘陵区和土石山区，其面积为 396.41 万亩，占县域总面积的 96.73%，是主要的农业土壤。粗骨土分布于太白山、海拔 1 800 米以上的山顶缓坡平台之上，其面积为 1.95 万亩，占县域总面积的 0.29%，是放牧的理想场所。山地草甸土分布于东北部的甸子山、凤凰山一带的山顶平台及缓坡处，其面积为 1.95 万亩，占县域总面积的 0.48%，是季节性放牧的优良牧地。潮土分布于唐河两岸以及南山河谷阶地上，其面积为 10.2 万亩，占县域总面积的 2.5%，这类土潮湿地下水位高，生长喜湿的草本群落和湿生灌木。

灵丘县土地辽阔，人均拥有国土面积 20.3 亩，为大同市平均数的 2.95 倍，山西省平均数的2.93倍，全国平均数的1.83倍。

灵丘县耕地总面积51.2万亩，人均耕地2.1亩，为山西省人均耕地的1.29倍，为全国人均耕地的1.65倍。灵丘县耕地大部分为中低产田，其中，水浇地8.6万亩，有效灌溉面积1.2万亩；旱地42.6万亩；粮食播种面积45.1万亩。耕地主要分布于灵丘县盆地、丘陵区缓坡平台和土石山区河谷地带，武灵镇、东河南镇、落水河乡3个乡（镇）耕地占全县总耕地面积的50%。

园地总面积约0.28万亩，多数分布于灵丘县盆地中唐河两岸和阳坡阶地，武灵镇、东河南镇、落水河乡3个乡（镇）园地占全县总量的近4/5。

林地面积79.82万亩，人均林地3.28亩，森林覆盖率达18%，为全国森林覆盖率12%的1.5倍。其中，独峪乡19.1万亩，占全县的23.92%；上寨镇16.08万亩，占全县的20.14%；武灵镇11.41万亩，占全县的14.29%。

草地面积11.01万亩，多数分布于独峪乡、上寨镇和东河南3个乡（镇）。见表1-3。

表1-3 灵丘县土地资源分类面积统计

单位：万亩

乡（镇）	耕地	园地	林地	草地	水面	其他	合计
武灵镇	9.93	0.10	11.41	0	0	18.46	39.90
东河南镇	9.57	0.08	3.58	2.30	0.06	0	15.59
落水河乡	7.40	0.05	2.87	0	0	0	10.32
红石塄乡	0.91	0	1.05	0	0	0	1.96
上寨镇	2.60	0.03	16.08	4.31	0	0	23.02
下关乡	1.12	0.02	7.44	0	0	0	8.58
独峪乡	1.03	0	19.1	4.40	0	0	24.53
白崖台乡	1.54	0	3.13	0	0	0	4.67
石家田乡	4.41	0	3.86	0	0	0.52	8.79
柳科乡	4.90	0	6.92	0	0	0	11.82
史庄乡	2.65	0	1.85	0	0	0	4.50
赵北乡	5.14	0	2.53	0	0	0	7.67
合计	51.20	0.28	79.82	11.01	0.06	18.98	161.35

三、自然资源状况

（一）气候

灵丘县地处暖温带向中温带过渡的中间地带，在西北寒流与东南季风的交互作用下，各区域间气候条件差异相对较大。

灵丘县海拔较高，太阳辐射较强，年平均日照时数为2 829.4小时，平均年日照率为64.3%。总辐射量为540.73千焦/平方厘米，植物生长活跃期的4～9月，月平均辐射量为352.95千焦/平方厘米，占全年辐射量的24.47%。全年平均气温7℃。夏季凉爽，最热的7月平均气温为21.8℃，适宜作物生长发育，高温危害少。冬季寒冷，最冷的1月平均气温－10.1℃，不利于越冬作物过冬。

灵丘县无霜期累年平均为145天左右，平川区无霜期为140天，北山区无霜期为110～120天，南山区无霜期为160天。稳定通过10℃的积温为2 887.3℃。作物生长活跃期一般始于4月底。终于10月初。

中部平川区年平均降水量为460毫米，北部山区410毫米，南部山区580毫米，年降水量变差大。有记载的灵丘县最多降水量是1956年的658毫米，最少降水量是1984年的228毫米，最多年与最少年相差430毫米，相当于年平均降水量。

纵观气温条件，在正常情况下，降水丰沛，光照充足，基本能够满足作物生长的需要。气候主要受地形、海拔垂直带的影响，无霜期短，一些喜温高产作物的生长发育受到了限制。

因受季风和地形及周围环境的影响，灵丘县的气候特点是四季分明，冬长夏短，季风强盛，雨热同期。春季干旱多风，夏季雨量集中，秋季短暂，冬季漫长少雪。

据气象部门统计，年平均风速2.2米/秒，4月风速最大，8月风速最小，最大风速21米/秒。风力多为4～5级，冬、春风力较大，最大风力多出现于4月。受强对流影响，夏季会出现短时雷雨大风天气，8级以上大风日数年平均为16.2天。见表1-4、表1-5。

表1-4　灵丘县区域气候分类

	温暖半干旱河川气候区	温和半干旱平川浅丘山地气候区	温凉半干旱丘陵山地气候区	温寒半湿润山地气候区
范　围	下关、上寨、红石塄	东河南、武灵、落水河及白崖台、独峪乡的河谷地带	史庄、赵北、石家田	赵北、史庄、柳科、石家田及落水河、东河南的部分
海拔（米）	800～1 500	900～1 200	1 100～1 400	1 400～1 900
平均气温（℃）	8.0～9.9	6.1～7.3	4.5～6.3	2.4～4.5
1月均温（℃）	－8.0～－10.0	－9.5～－12.3	－11.0～－13.0	－12.0～－15.0
7月均温（℃）	23	20.7～22.3	19.3～21.2	16.1～19.5
活动积温（℃）	3 208～3 312	3 760～3 063	2 359～2 745	1 700～2 340
无霜期（天）	155～170	150～155	120～140	100～130
年均降水量（毫米）	550	360～550	450～600	500～650

表1-5　灵丘县各月气候条件统计

项目 月份	平均气温（℃）	气温平均日较差（℃）	极端最低气温（℃）	地面平均温度（℃）	平均降水量（毫米）	平均风速（米/秒）	日照时数（小时）	平均相对湿度（%）	大风日数（≥8级）
1	－10.1	15.3	－26.5	－10.9	1.2	2.3	216.5	45	1.3
2	－6.9	15.4	－30.7	－6.4	3.3	2.4	204.9	47	1.2
3	0.4	15.2	－21.0	3.3	6.4	2.7	242.4	47	2.0
4	8.7	15.9	－12.1	13.3	15.5	3.0	250.2	46	3.3
5	15.8	16.1	－4.3	21.8	33.6	2.8	286.3	48	3.2
6	20.1	14.4	2.4	26.3	56.9	2.3	278.2	57	1.4
7	21.8	11.5	8.1	26.8	120.9	1.7	242.3	74	0.5

（续）

月份＼项目	平均气温（℃）	气温平均日较差（℃）	极端最低气温（℃）	地面平均温度（℃）	平均降水量（毫米）	平均风速（米/秒）	日照时数（小时）	平均相对湿度（%）	大风日数（≥8级）
8	20.1	11.4	4.2	24.4	118.7	1.5	232.0	78	0.3
9	14.4	14.2	−2.4	18.1	49.1	1.6	234.4	71	0.3
10	7.9	14.5	−11.3	9.9	19.2	1.9	232.7	63	0.6
11	−0.9	13.8	−22.9	−0.5	6.6	2.3	239.3	56	1.1
12	−8.3	14.5	−28.2	−9.6	1.9	2.3	205.8	50	1.1
全年	6.9	14.3	−30.7	9.7	433.3	2.2	2832.8	57	16.2

灵丘县农业灾害主要有：

（1）干旱：这是影响灵丘县农业生产的主要气象灾害，基本上十年九旱，尤以春旱最为常见，平川区受春旱威胁最为严重。

（2）冰雹：受境内地形复杂和北部丘陵区植被稀少影响，灵丘县每年发生冰雹的次数频繁，强度大，对局部地区农作物危害严重。

（3）霜冻：春霜冻在全县普遍存在，主要发生在坡区、半坡区；秋霜冻对平川和半坡区影响严重。

（4）洪涝：局部地区经常发生，南山区和唐河下游两岸最为常见，涝灾多发生在县城周围低洼地带。

（5）风灾：倒伏风、干热风、磨谷风，主要发生在6～8月，对农作物产量影响较大。

（二）土壤母质

土壤母质是形成土壤的原始材料，是形成土壤物质的基础，是土壤的主要组成部分和骨架。全面了解灵丘县土壤母质分布情况和分布规律，对认识灵丘县土壤分布和土壤特点有重大意义。裸露地表的岩石，经风化冻融作用的破坏，形成疏松的大小不等的矿物质颗粒，即土壤母质后，有的残留在原地，有的被搬运到其他地方沉积下来，再经生物的成土过程，形成了土壤。灵丘县土壤母质可分残积物土壤母质、坡积物土壤母质、洪积物土壤母质、冲积物土壤母质、黄土母质和黄土状土壤母质。现分别叙述。

1. 残积物土壤母质 残积物的特点是风化物质未经搬运分选，是停留在原地点的物质杂乱堆积体。灵丘县的南山区、北山区和东北山区，山地沙石土的土壤多为残积物母质所形成，其特点为：疏松的残积物颗粒成分极不均匀，有大的碎石，也有细小的沙壤土、黏土。常见碎屑堆积在山坡上，而表层细小的碎屑常被流水冲走，或被风刮走；所以，表层留下较大的碎石，下部由于渗漏颗粒细小。

2. 坡积物土壤母质 灵丘县山坡、山麓的土壤大都是由于重力（崩塌）作用和雨水冲刷影响，将山顶、山腰风化物移动，沉积在这一带而形成的土壤。坡积物是各种各样未滚圆的、未分选及无层理或层理不明显疏松物质的堆积。这些疏松物质往往盖在其他母岩上。坡积物往往和残积物混杂堆积。

3. 洪积物土壤母质 灵丘县川下区唐河等河流两岸，由于临时性的洪水，把碎屑堆积在山前、山口，形成扇形，相近几个山口洪积扇连接起来，形成山前倾斜平原。洪积物特点为：由山口经山前到平原质地逐渐由粗到细的变化，即碎石—卵石—粗砂—细沙壤—壤土—淤泥。

4. 冲积物土壤母质 灵丘县川下唐河谷地是由于唐河经常性流水搬运的沉积物所堆垄。冲积物以较细的物质为主，如细沙、沙壤、黏壤、黏土之类。灵丘县平川谷地冲积物的沉积物特点为：颗粒的球度很好，有比较良好的分选性及明显的沉积层理，沉积物沿唐河呈长带状埋藏和分布。

5. 黄土母质 黄土母质是第四纪的一种特殊物质。灵丘县黄土主要分布在北部与东北部丘陵区和南部丘陵区，黄土母质形成的土壤主要土种绵黄土是灵丘县仅次于平川区冲积母质形成的灌淤土，是较肥沃的土壤。最上层的马兰后期黄土是由风积的，其余午城黄土、离石黄土等是由流水作用沉积的。

6. 黄土状母质 多分布在灵丘县河流二级阶地及冲积扇末端，有层理，质地不均一，松散有拟垂直节理。马兰黄土，经过水力、重力再搬运再沉积的次生黄土，因产状不同而有冲积、坡积、洪积 3 种类型，统称黄土状母质。

（三）水资源

灵丘县河流多属山溪性河流，坡陡，流急，洪水暴涨暴落。主要河流有 10 条，均属海河流域。按出境流向可分为两大支系：一系以唐河为主要干流，以赵北河、华山河、塌涧河、大东河、招柏河、上寨河等为支流汇合组成。主干唐河为灵丘县众河之首，古称滱水，发源于浑源县饿风岭东北的东水沟，由蔡家峪村入灵丘，横贯全县，在下北泉村流入河北省涞源县，最后汇入大清河。另一系以三楼河为主干，与其支流独峪河汇合而成，经县境西南角的花塔村出境入河北省阜平县，与另一条出境河流下关河汇入大沙河。见表 1-6。

表 1-6 灵丘县河流流域分布

河流名称	流域面积（千米^2）	河流宽度（米）	境内长度（千米）	河流流量（米^3/秒）
唐河	1 611	50～200	52	0.6～1.0
赵北河	338.6	50～100	38	0.2～0.3
华山河	122.9	60～150	25	0.8～1.2
塌涧河	77	10～80	21	时令河
大东河	260	60～100	33	时令河
招柏河	163	50～100	22	时令河
上寨河	184	50～100	15	0.2～0.3
三楼河	694	40～90	55	0.5～2.0
独峪河	174	50～60	34	0.1
下关河	233	30～80	40	0.3～0.5

境内两大水系受季节性降水影响，流量变幅较大。春季干旱时节，河水大减，有时甚至断流，汛期多降暴雨，山洪迅猛，水带泥沙，常引发水害。唐河两岸的平川区及黄土丘陵区，地下水较为丰富，储量 1.1 亿立方米，埋藏深度为 120～200 米。土石山区地下水

较多，多积聚在河道内，一般埋藏深度在250米以上。石山区地下水大部分蓄积在河道内，埋藏深度达1 200米。

（四）矿产

灵丘县矿产资源丰富。现已探明各种金属、非金属矿藏40多种，有较高开发价值的30多种。其中，黄金储量20吨、白银2 000吨、铜10万吨、锰矿石400万吨、铁矿石9 000万吨、石灰石500亿立方米、花岗石100亿立方米、沸石3.6亿吨、磷灰石2.9亿吨、大理石2.5亿吨、珍珠岩6 000万吨、石英石5 000万吨、石棉3 300万吨。此外，铅、锌、钼、长石、蓝晶石、冰洲石、蛭石、云母、方解石、黑砂石、软玉石、萤石、硫黄、膨润土、高岭石、碱石、黏土等矿藏储量也很大。现已开采的矿藏有花岗石、大理石、珍珠岩、石棉、磷灰石、沸石、石灰石及金、银、铅、锌、铜、铁、锰、煤等20多种。

（五）自然植被

灵丘县地处黄土高原的边缘，属大陆性气候，境内山地、丘陵、谷地由于气温、降水的差别很大，分配形式也不相同，故植被也有显著差异。

植被对土壤形成的影响是极为重要的，不同植被类型差异是十分明显的，灵丘县植被属温带草原区。由于干旱和冷冻，植物生长并不茂盛和高大。植物的遗体、残落物留给土壤也并不多，造成灵丘县土壤里有机质、腐殖质比较贫乏。再加上淋溶强度较弱，次生黏土矿物移动和淀积不强，而造成灵丘县土壤层次变化及土壤黏化层的形成都不明显，属于栗钙土向褐土类过渡类型，即淡栗钙土和淡褐土区。

灵丘县植物资源如下：

1. 植物资源 野生植物：茅草、蒲草、萱草、蓑草、扁竹草、娥竹草、碱草、金丝草、百里草、苔草、蒿草、达乌里胡枝子、稗子、三毛草、沙蓬、龙须草、艾篙等。

野菜：苦菜、甜菜、地皮菜、蒲公英、苜蓿、翟麻花、地椒、黄花、蕨菜、灰菜、马齿苋、山葱、山蒜、山艽、野豌豆、棘豆、早熟禾。

2. 林木资源 经济树：苹果树、梨树、桑树、桃树、杏树、花椒、槟果、沙果、李、葡萄、红枣。

树木：油松（短叶松、巨果油松）、落叶松（华北落叶松、雾天落叶松）、侧柏（扁柏、香柏、扁桧）、槐、榆、山杨（大杨）、小叶杨（白杨）、加拿大杨、青杨（大叶白杨、家白杨、河杨）、钻天杨、箭杆杨、北京杨、桦（粉桦、硬桦）、旱柳（河柳）、垂柳、桑树。

灌木林：胡榛子、酸棘、醋柳、木瓜、刺玫、黄刺玫（油瓶）、紫穗槐。

3. 药材资源 野生中药材：黄芩、柴胡、苦参、地榆、麻黄、秦艽、酸枣仁、山桃仁、家桃仁、蒿本香、冬花、猪岑（野猪粪）、山大黄、甘草、苍术、黄精、玉竹、知母、苍耳、茵陈、大力籽、山豆根、荆芥、白蒺藜、南星、防风、益母草、半夏、车前子、地骨皮、金银籽、扁宿、翟麦、远志、羌活、白芍。

引进栽培中药材：黄芪、党参、西大黄、山黄、当归、枸杞、菊花、长山药、牡丹、瓜蒌、白芷、大青叶、板蓝根、连翘。

动物类药材：全虫、獾油、五灵脂、龟板、鹿茸、牛黄、豹骨。

四、农村经济概况

1. 种植业 灵丘县经济以农业种植业为主。栽培各类农作物60余种，其中粮食作物18种，经济作物6种，瓜果蔬菜38种，机耕面积达到15.2万亩。

粮食作物以禾谷类作物、豆类作物、薯类作物为主。禾谷类作物共有7个品种，以玉米、谷子、黍子、莜麦、荞麦为主，以及少量的水稻和小麦。灵丘县农作物总播种面积48.33万亩，粮食播种面积45.1万亩。粮食总产量6.812 6万吨，其中玉米、谷子、黍子、莜麦、荞麦等大田秋粮作物35.43万亩，总产量5.364 4万吨；豆类作物主要有大豆、豌豆等杂豆类，播种面积5.618 7万亩，总产量0.137 2万吨；薯类作物以马铃薯为主，播种面积4.035 2万亩，总产量1.311万吨。经济作物主要有瓜果、蔬菜、油料作物、药材等，播种面积3.25万亩。其中，瓜果0.260 2万亩，蔬菜0.354 8万亩，油料作物2.548 7万亩，药材0.049 9万亩。受气候、土壤等自然环境和种植技术影响，各类农作物产量比较低。

经济作物种植面积小，分布零散，产量有限。主要有油菜、胡麻、葵花、富麻等油料作物和以花椒为主的香料作物，另外有极少的药用作物、纤维作物和糖料作物。

蔬菜瓜果共11类、30余个品种，新种、特种不断增加，种植面积近1万亩。虽品种多，但种植面积小，没有形成规模，一般为自产自销，极少上市。

灵丘县果树资源较多，栽培和野生木本粮油、果树共有12科，19属，38种，110多个品种。苹果栽培5 000亩，年产55万千克；杏树分布广泛，年产60万千克；梨树栽培1 000亩，年产10万千克；桃树主要分布于庭院，年产8万千克；核桃为地方特产，全县栽植10万株，年产2 000万千克，远销国内外。近年来，随着新农村建设的不断推进，杏树和核桃树的栽植发展迅速。

2. 林业 灵丘县地形复杂，沟大坡陡，滩涂广阔，水源充足，发展林业有着得天独厚的条件。全县林业用地79.82万亩，其中人工林13万亩，天然林9万亩，疏林17万亩，灌木林25万亩，经济林1万亩，苗圃1万亩，农田林网及四旁林网6万亩。按林种用地划分，用材林和防护林各36万亩，各占林用地48%，经济林1万亩，占林用地1%。林地主要树种为：油松18万亩，杨树12万亩，桦树9万亩，落叶松3万亩，刺槐1万亩。

3. 牧业 灵丘县山大坡多，牧草丰盛，是山西省雁门关生态经济畜牧区大牲畜繁殖基地县之一。牧草植被有山地草原、山地草甸、灌丛草地、灌木草丛等四大类，境内300亩以上的自然牧坡面积200多万亩，占全县总面积的50%，占大同市草地总面积的30%。2010年肉用牛出栏1.2万头，肉用羊出栏18.8万只。家禽圈养以养猪为主，2010年肥猪出栏5.9万头，其次还有鸡、鸭、鱼、兔等，肉类总产量7 731万千克。

五、社会经济发展状况

自2000年以来，灵丘县经济生产总值以年平均超过30%的速度增长。2010年，灵丘县经济总收入 83 498 万元，增长 12.1/%；工业总收入 15 650 万元，增长 5.67%；农业总收入 31 444 元，增长 4.17%；第三产业总收入 20 517 万元，增长 14.5%；农民务工收入15 887万元，增长 37.4%；城镇居民人均可支配收入 50 363 万元，增长 5.04%；农民人均纯收入 2 467 元，增长 11.5%；财政总收入 40 912 万元，增长 9.37%。2010 年灵丘县各乡镇农村经济收益情况来看，第一产业比重占到 37.65%，第二产业比重占到 18.74%，第三产业比重占到 24.56%。见表 1-7。

表 1-7 灵丘县各乡（镇）2010 年经济收益统计

单位：元

单位	经济总收入	农业收入	工业收入	第三产业	务工收入	人均纯收入
武灵镇	30 881	8 049	8 962	10 790	3 080	5 160
东河南镇	15 544	7 201	1 537	2 117	4 689	4 854
落水河乡	9 946	3 196	1 801	2 149	2 800	3 907
红石塄乡	1 259	470	105	387	297	2 830
上寨镇	5 878	2 657	678	1 261	1 282	3 325
下关乡	2 887	1 209	527	641	510	3 111
独峪乡	2 553	1 244	346	303	660	2 807
白崖台乡	1 793	976	225	350	242	2 890
石家田乡	2 848	1 591	319	522	416	2 876
柳科乡	2 500	1 257	248	395	600	3 061
史庄乡	1 986	1 250	42	100	594	2 730
赵北乡	5 423	2 344	860	1 502	717	3 210
合计	83 498	31 444	15 650	20 517	15 887	4 048

纵观灵丘县经济建设发展趋势和产业结构比例，矿产资源丰富是一大特色，但粗放的资源经济依赖性也十分明显，带来的是严重的环境污染。农村土地广阔，但土壤肥力贫瘠，土地生产力不高。农民生产经营分散，产业链缺失，农业生产方式仍显落后，经济效益低下。村民在丘陵和山区居住分散，村庄民居布局有待科学规划，基础设施和公共事业普遍落后，与群众的存量需求不相适应。

1. 工业 灵丘县工业起步晚，发展不平衡，工业产值在国民经济中占有的份额不高，工业结构侧重于建材加工、冶金、机械、煤炭为主的高耗能工业，对资源采掘的依赖性较强。另外有水、电、气的制造供给业和粮油加工、毛纺加工等轻工业。其中，建材加工业占全县工业总产值的近一半。建材工业主要包括花岗石、水泥、砖瓦、石灰等建筑材料的生产。

灵丘县工业目前的发展存在 4 个主要问题：一是结构不合理，避轻就重，对自然资源的依赖性强；二是布局不科学，功能分区不明确，对县域经济的长远发展不利；三是建设规模小，技术含量少，经济效益低；四是资源浪费严重，重复利用率低，环境污染剧烈。

2. 第三产业 灵丘县第三产业包括商贸流通、生产生活服务和建筑业等各领域，虽然涵盖面广，但第三产业在国民经济中所占比重甚微。商贸服务业分布不平衡，发展速度慢，服务水平低，经济效益差。旅游业正处于缓慢的起步阶段，建设力度不够，基础设施不完善，景区开发建设少，服务水平不高，拉动经济增长的能力较弱。

3. 交通道路 随着社会经济的不断壮大，基础设施建设步伐加快，灵丘县交通有了长足发展。京原铁路东西横贯灵丘县全境，长达 65 千米。108 国道东起下北泉村，西至牛帮口村，经灵丘县南面红石塄、上寨、独峪 3 个乡（镇），全长 64 千米。大涞、天走两条省级干线交汇于此。2001—2008 年，全县共投入公路建设资金 4 亿多元，12 个乡（镇）全部通了油（水泥）路；254 个行政村全部通了公路；93%的行政村通了油（水泥）路；95%的行政村通了客运班车。到 2010 年底，全县公路通车里程达到 1 350 千米，其中省道 79 千米，县道 275 千米，乡道 548 千米，村道 377 千米，专用公路 3 千米，公路密度达到 50 千米/百平方千米，初步形成了以铁路干线、国道、省道为骨架，县道、乡道、村道为支撑，连接城乡、辐射周边、四通八达的交通网络，有效地改善了全县广大人民群众的交通出行条件。

4. 电力网络 灵丘县电网现有 110 千伏变电站 1 座，主变 2 台，110 千伏供电线路 2 条，总长度 75.25 千米是全县的中枢电站；35 千伏变电站 7 座，主变 13 台，35 千伏供电线路 16 条，总长度 203.65 千米；10 千伏供电线路 27 条，总长度 949.83 千米，配电变压器 526 台，总供电量 39 340 千瓦，低压线路 750 千米。2000 年以来，全县对农电供电网络进行了改造，完成了县城 66 个台区以及 254 个行政村的中低压工程，增加了供电能力，满足了农村经济的发展和农村居民生活的需要。就目前灵丘县的工农业生产和群众生活需求，供电容量基本满足。但是，随着社会经济的发展，一些大型优势工业项目逐步引入落户、一些高新产业园区的开发建设，必然对过去以农村负荷特性为主的电源设计建设产生冲击，尤其明显的是负荷超载时的“卡脖子”现象，电站分布不均，超半径供电，线损高，维护困难，加之部分设备陈旧，急需改造。

5. 教育事业 教育发展方面，灵丘县共有教职工 1 723 人。其中，高中专任教师 234 人，初中专任教师 967 人，小学、幼儿专任教师 522 人，共计 1 723 人，专任教师占到总教职工人数的 97.07%。全县共有学校 298 所，在校生 42 606 人，其中普通高中 3 所，在校生约 1 643 人；职业高中 2 所，在校生 150 人；初中 20 所，在校生 11 396 人；小学 277 所，在校生 27 212 人；幼儿园 121 所，4～6 岁幼儿入园率 55%。近年来，灵丘县委、县政府始终把教育放在优先发展的战略地位，教育事业呈现健康向上的发展态势。自 2005 年以来，灵丘县累计投资 2 亿多元改善教育基础设施，新改扩建学校 71 所。同时，紧紧抓住国家实施危房改造工程的机遇，大力实施校舍危房改造，全县现在基本取消危房校舍，农村中小学全部免除学杂费。

6. 卫生保障 卫生事业情况，灵丘县共有各类医疗卫生机构 276 个。其中，县级机构 6 个，乡（镇）卫生院 12 所，医疗卫生服务站 7 个，村级卫生所 207 个，厂矿学校卫生所 4 家，社会办医 40 个。共计卫技人员 664 人，其中，县乡医疗机构卫技人员 521 人，其他卫技人员 143 人，每千人拥有卫技人员 3 人。农村新型合作医疗覆盖率达到 98%，计划生育基本控制在 6.38‰以下。从目前县域实际分析，买药贵、看病难、健康保障条件差仍然是农民群众的大事难事。

第二节　农业生产概况

一、农业发展历史

灵丘县历史悠久，农业人口多，以农业为主是县域经济的历史特点。长期以来，广种薄收为当地农民的耕作习惯，农业生产在低水平状态下缓慢地发展着。

东汉末年，战火烽起，地处塞外的灵丘县土地荒芜，人口流失，百里无人畜、千日无炊烟。到晋朝时，虽一统乱局，但无暇顾及社会经济的发展，加之鲜卑拓跋氏崛起塞北，战争又一次迭起，人民生活极度困苦。

北魏定国，建都平城（今大同市），并从西北部迁来10万人口充实这一地区，部分移民定居灵丘县。这些移民改变了故地的游牧生活，从事农业生产。加之北魏统治者制定了一系列的有利于农业生产发展的政策法令，如均田制等，促使县域农业得到很大的发展。辽代，灵丘处于北宋和辽的交接处，屡有战争发生。但辽朝此时已积极效法汉民族，再由于辽朝汉族大臣的作用，非常重视农业发展。元明时期，统治者只把这里作为军事重镇，逐渐成为边远莫及的塞上荒原。广种薄收成为当地农民的耕作习惯，农业生产在低水平状态下缓慢地发展着。明初朱元璋下令人口大迁移，灵丘县从南方及晋南的洪洞县迁入不少人口。清朝一统267年，战乱少，人民生活安定，人口随着农业生产的发展迅速增加，荒芜的土地也得到大量的开发。抗日战争期间，灵丘县县城及川下大面积归敌占区，在日伪的残酷统治下，全县的农业生产萧条。日寇侵占灵丘期间，每年强征粮食占年总产粮的一半之多，全县每年所剩粮食人均仅有50多千克，广大人民群众挣扎在战争、饥饿、贫困的死亡线上。

灵丘在1947年进行了轰轰烈烈的土地改革运动，实现了“耕者有其田”，农业生产得到新的发展。到新中国成立后的1949年底，全县人口发展到100 709人，粮食总产量达到2 283万千克，人均226.7千克。从1952年开始的农业合作化运动，使土地由私人占有制向集体所有制过渡。这个运动由1953年的初级化到1956年的高级化，直到1958年的人民公社化，共进行了6年时间。这一变革，促进了生产力的发展，使本县的农业生产出现了飞跃。1958年，全县粮食总产为3 500万千克，比1949年增长了53%。从1958年开始，政策上推行极“左”路线，大刮“浮夸风”、“共产风”，吃大食堂，扩大生产组织规模的“大跃进”使生产力遭受严重破坏，粮食产量降至1960年的2 776.5万千克，口粮严重不足，多数民众靠野菜、草根、树皮、谷糠充饥。1961年开始进行政策上的调整，纠正了一些极“左”作法，明确了“三级所有，队为基础”的农村经济政策和“承认差别，按劳付酬”的政策。这些政策安定了人心，促进了农业生产的全面发展。到1966年，全县粮食产量又上升到3 889.5万千克，其他各业均有了相应的发展。1966年“文化大革命”运动开始，初见转机的农业生产再次遭到破坏。从1967年开始，粮食产量明显下降，一直在3 000万千克徘徊。1971年，党的各级组织恢复后，县委领导全县人民认真贯彻中央北方地区农业工作会议精神，大搞农田基本建设，改土造地，扩大水浇地面积，普遍推广使用化学肥料，引进作物新品种和农业机械化耕作方法，增加高产作物玉米的播种面积等，使农业生产开始稳步发展。1974 年，粮食总产量最高达 5 608.5 千克。但是，由于片面推行“农业学大寨”中“左”的东西，割“资本主义尾巴”，限制社员群众的家庭副业生产，单一抓粮食生产，不讲经济效益，出现了增产不增收的严重弊端，人民群众的生活水平依然得不到提高。

中共十一届三中全会后，灵丘县农业生产得到根本转变。1979 年后，由于全面认真地贯彻落实了《中共中央关于加快农业发展若干问题的决定》，在农村逐步推行生产责任制，克服了过去吃“大锅饭”的弊病，调整了农业经济结构和农作物布局，大力发展多种经营，发展商品生产，使广大农村由自给半自给经济向商品生产发展，由传统农业生产向现代化农业发展。短短几年时间就取得显著成绩。1983 年，全县粮食总产量达到 7 597.5 万千克。油、菜等经济作物也有大幅度增产，涌现出一大批专业户和重点户，农业机械化水平也有很大提高。1983 年后，全县又重点推行了科学种田新方法，基本实现了主要农作物优种化，普遍推广地膜覆盖新技术等，使农业生产又跃上了一个新台阶。1984 年，灵丘县因遭受旱涝灾、早霜冻灾，粮食减产 50%（与 1983 年相比）。1985 年，全县粮食总产量达到 7 275.7 万千克。

20 世纪 90 年代后，灵丘县的农业得到全面发展。广大农民的温饱问题普遍得到解决，有部分乡（镇）、村已经或正在步入小康水平。90 年代初，灵丘县燕家湾村率先引进山东省寿光冬暖型温室塑料大棚开始反季节蔬菜生产。经过近 20 年的发展，灵丘县现有温室大棚 1 800多栋，已使用 1 100 栋，在建 750 栋。主要分布在川下武灵镇的魁见、沙坡 2 村和东河南镇的燕家湾、清泥涧 2 个村及落水河乡的部分村。由过去简单生产芹菜为主的耐寒叶菜发展成为全年生产，叶菜类、茄果类、瓜类、食用菌、新特菜都能生产的格局。

21 世纪初，灵丘县的矿产资源进入一个空前发展的阶段，大批的青壮年劳动力进入采矿、冶炼加工行业，只有老人和妇女从事农业生产，农业生产受到很大的影响。全县的粮食总产量一直在 6 000 万千克左右波动。

综观灵丘县的农业发展呈起落型。但从 1978 年后是呈上升型，且发展幅度较大。进入 21 世纪后，受产业结构调整等影响发展平缓。

二、农业发展现状与问题

灵丘县是晋北地区的山区农业县，山、川、坡兼备，光热资源丰富，水资源较缺，干旱是农业发展的主要制约因素。全县耕地面积 51.2 万亩，水浇地面积 8.6 万亩，占耕地面积的 16.8%；有效灌溉面积 1.2 万亩，占耕地面积的 2.3%。2010 年，全县农林牧渔总产值为 31 444 万元。其中，农业产值 17 218.7 万元，占 54.76%；林业产值 1 320.6 万元，占 4.2%；牧业产值 12 892.0 万元，占 41%；渔业产值 13.5 万元，占 0.04%。2010 年，全县农作物总播种面积 48.33 万亩，粮食作物播种面积为 45.1 万亩，粮食总产量为 68 126 吨，平均亩产 151 千克。其中，玉米播种面积最大，为 25.34 万亩，玉米总产量 45 713 吨，占全县粮食总产量的 67.1%；谷黍、莜麦、荞麦播种面积 10.089 3 万亩，总产量 0.793 1 万吨，占全县粮食总产量 11.64%；豆类播种面积 5.62 万亩，马铃薯播种面积 4.04 万亩。经济作物播种面积 3.25 万亩，其中，蔬菜 0.35 万亩，油料 2.58 万亩。2010 年末，全县牛饲养量

3.1万头，其中，奶牛0.25万头，猪的存栏4.34万头，羊存栏22.19万只，鸡存栏37.71万只；肉类产量0.93万吨，奶类产量0.33万吨，蛋产量0.28万吨，人均牧业纯收入达到840元，占农民人均纯收入的21%。全县农机化处于中等发展水平，平川区机械化作业程度较高，耕翻、播种、收获基本实现机械化，大大减轻了劳动强度，提高了劳动效率。2010年，全县农机总动力为14.6万千瓦。大中型拖拉机1 652台，其中农用拖拉机346台，小型农用拖拉机1 306台，大中型机引农具354部，小型机引农具1 204部，机动脱粒机256台，农用排灌动力机械683台，农用载重车896辆。全县机耕面积15.2万亩，机播面积11.5万亩，机收面积0.5万亩，机械植物保护面积32.4万亩。2010年，农用化肥施用实物量2.5万吨，其中氮肥用量1.39万吨，磷肥用量0.69万吨，钾肥用量0.04吨，复合肥用量0.38万吨。农膜用量63.3吨，农药用量76.8吨。全县有小型水库3座，小型水利设施57处，固定渠道长度854.28千米，机井646眼。

第三节 耕地利用与管理

一、主要耕作方式及影响

由于灵丘县地形差异，有效积温和无霜期山、川、坡区差异较大，因此在农作物结构和耕作制度上差别较大。灵丘盆地平川区以种植玉米、马铃薯、蔬菜为主，豆类、谷子、糜黍、高粱次之；北部高寒丘陵区以种植糜黍、谷子、马铃薯、油料为主，玉米次之；南部山区以马铃薯、莜麦、蚕豆、豌豆为主，胡麻、油菜籽次之。农业生产方式基本上是一年一熟制，部分平川区域水肥条件较好、光热资源丰富的边山峪口地带的有玉米套种豆类、西瓜复播萝卜的立体种植习惯，也有覆膜播种马铃薯收获后复播大白菜的，效益都较好。露地蔬菜一年一作或一年二作，大棚和日光温室蔬菜可一年多作。

灵丘县的农田耕作方式主要有深耕、浅耕、中耕、耙耱等，秋深耕在作物收获后土地封冻前进行，深度可达20～25厘米，利于打破犁底层，好处是加厚活土层，便于接纳雨雪、晒垡，同时还利于翻压杂草，破坏病虫越冬场所，降低病虫越冬基数。春耕一般在春播前结合灌溉、施肥、播种进行，采用旋耕，深度15厘米左右，好处是便于旱作区抢墒播种。中耕一般在夏季进行，中耕2～3次，平川区以人工中耕和半机械化的耘锄为主，山区、坡区基本上使用人工中耕。耙耱主要是为减少土壤板结、破碎土块，减少土壤蒸发、保持土壤水分。

近几年，保护性耕作技术得到了广泛应用，少耕、免耕技术在旱作区域普遍受到广大农民的欢迎，既减少了耕作费用，又提高了土壤墒情，有利于作物的出苗、保苗。同时，保护性农业耕作机具开始大规模推广应用，给传统农业生产方式带来大的改良。另外，对农民的传统理念也将是一种冲出。

二、耕地利用现状，生产管理及效益

灵丘县种植作物主要有玉米、马铃薯、谷子、黍子、莜麦、豆类、油料、蔬菜等，是

全省的主要小杂粮产区，耕作制度为一年一熟制。灌溉水源有浅井、深井、河水、水库；河水、水库大多采取大水漫灌，井水一般大多采用畦灌。日光温室与塑料大棚多采用膜下灌溉与喷灌、滴灌，高效节水。

一般年份，唐河两岸自流灌区每季作物浇水 2～3 次，平均费用约 30 元/（亩·次）；其他地区一般浇水 1～2 次，平均费用 60～80 元/（亩·次）。农户在生产管理上投入较高，平川区高产田亩投入一般在 200～230 元，山区和坡区亩投入相对较低，一般在 120 元左右。

据 2010 年统计部门资料，灵丘县耕地面积 51.2 万亩，粮食作物播种面积为 45.1 万亩，粮食总产量 6.812 6 万吨，平均亩产 151 千克。其中玉米播种面积最大，为 25.341 8 万亩，玉米总产量 45 713 吨，占全县粮食总产量的 67.1%；豆类播种面积 5.618 7 万亩，马铃薯播种面积 4.035 2 万亩，谷黍、莜麦、荞麦播种面积 10.089 3 万亩。经济作物播种面积 3.25 万亩，其中，瓜果 0.260 2 万亩、蔬菜 0.354 8 万亩、药材 0.049 9 万亩、油料 2.584 7 万亩。

效益分析：高水肥田玉米平均亩产 580 千克，平均每千克售价 1.6 元，产值 928 元，亩投入 240 元，亩纯收入 688 元；旱地中低产田玉米平均亩产 350 千克，产值 640 元，亩投入 120 元，亩纯收入 520 元。马铃薯平均亩产 1 250 千克，平均每千克售价 1.5 元，产值 1 875 元，亩投入 500 元，亩纯收入 1 375 元。谷黍亩纯收入 350 元，豆类亩纯收入 400 元，蔬菜亩纯收入 2 200 元。

三、施肥现状与耕地养分演变

灵丘县大田施肥情况是农家肥施用呈下降趋势。过去农村耕地、运输主要以畜力为主，农家肥主要是牲畜粪便。1949 年全县仅有大牲畜 2.1 万头，随着新中国成立后农业生产的恢复和发展，到 1957 年增加到 2.4 万头，1965 年发展到 2.7 万头，直到 1980 年以前一直在 3.2 万头以下徘徊。随着农业生产责任制的推行，农业生产迅猛发展，到 1983 年，大牲畜达到了 3.8 万头，2000 年发展到 5.3 万头。进入 21 世纪，山西省启动了雁门关生态畜牧经济区建设工程，灵丘县的畜牧业生产得到了空前的发展，全县牛、羊、猪、鸡的饲养量大幅度增加，农家肥数量也随着大幅度增加，但粪便入田很不平衡，城郊地区、村庄附近、养殖园区附近及经济效益较高的蔬菜等作物农家肥施入水平较高，而且存在着较严重的浪费现象，边远山、坡区很少施用或者基本不施用农家肥，因而造成了土壤养分含量在不同地区的差异性。

灵丘县化肥的使用情况，从逐年增加到趋于合理。据统计资料，新中国成立初期，全县基本不施用化肥，从 20 世纪 70 年代开始，化肥使用量逐年快速增长，到 90 年代末达到最高值，年化肥施用量 3.6 万多吨（实物量）；进入 21 世纪，全县开始推广平衡施肥，全县化肥年施用量有所下降，特别是 2008—2010 年，灵丘县实施测土配方施肥补贴项目以后，全县化肥施用情况渐趋合理。2010 年，全县化肥施用量 2.5 万吨（实物量），其中，氮肥 1.39 万吨、磷肥 0.69 万吨、钾肥 0.04 万吨、复合肥及专用肥 0.38 万吨。

随着农业生产的发展及施肥、耕作经营管理水平的变化，以及国家对农业的投入加大，耕地土壤有机质及大量元素也随之变化，耕地质量普遍提高。随着测土配方施肥技术的全面推广应用，土壤肥力更会不断提高。1979 年全国第一次土壤普查耕层养分测定结果，土壤有机质 0.83%、全氮 0.057%、碱解氮 41.00 毫克/千克、有效磷 6.30 毫克/千克、速效钾 84.00 毫克/千克；2010 年土壤有机质 12.01 克/千克、全氮 0.74 克/千克、碱解氮 66.38 毫克/千克、有效磷 6.72 毫克/千克、速效钾 104.92 毫克/千克。

四、耕地利用与保养管理简要回顾

耕地是人类赖以生存的重要资源，保护耕地是事关国家大局和子孙后代的大事，要始终贯彻“十分珍惜和合理利用每寸土地，切实保护耕地”的基本国策。灵丘县委、县政府十分重视耕地的利用和保护，20 世纪 70 年代在农业学大寨中，开山造地、拦河打坝造地、兴修高灌、防渗渠等水利工程，大范围的沤制秸秆肥、绿肥压青等为全县农业的发展和土壤肥力的提高起到了较大的推动作用。20 世纪 80 年代后期，全县大搞以平田整地、修筑梯田为中心的农田基本建设，累计平田整地 4.5 万亩，新修整修梯田 2 万亩，新增水浇地 0.1 万亩。21 世纪初国家进行退耕还林和雁门关经济畜牧区的建设，国家和地方政府拿出巨额资金支持农民退耕还林还牧，大部分水土流失严重的低产地和具有明显障碍层次不利于农作物生长的耕地进行植树造林、种植牧草等，不仅改善了当地生态环境，而且便于农业集约化生产。使农民集中更多的有机肥、化肥和精力，来进行基本农田的培肥和耕地地力的提高，从粗放经营逐步走向集约化经营。近年来，各级政府对农业发展高度重视，不断增加投入，改善农业生产条件。实施了沃土工程、测土配方施肥、秸秆粉碎还田、旱作节水农业、坡耕地改造工程等，使耕地土壤肥力和生产能力逐步提高，同时对农业环境的保护也高度重视，开展了农业环境的质量调查，并依据调查结果制定了无公害农产品行动计划，特别是对蔬菜、荞麦的生产，进行全程监控，禁止高毒高残留农药使用，使蔬菜的质量得到明显改善。通过一系列行之有效措施，灵丘县的农业生产逐步向安全、优质、高产、高效农业迈进。

第二章　耕地地力调查与质量评价的内容和方法

根据《全国耕地地力调查与质量评价技术规程》和《全国测土配方施肥技术规范》（以下简称《规程》和《规范》）的要求，通过肥料效应田间试验、样品采集与制备、田间基本情况调查、土壤与植株测试、肥料配方设计、配方肥料合理使用、效果反馈与评价、数据汇总、报告撰写等内容、方法与操作规程和耕地地力评价方法的工作过程，进行耕地地力调查和质量评价。

这次调查和评价是基于4个方面进行的。一是通过耕地地力调查与评价，合理调整农业结构、满足市场对农产品多样化、优质化的要求以及经济发展的需要；二是全面了解耕地质量现状，为无公害农产品、绿色食品、有机食品生产提供科学依据，为人民提供健康安全食品。尤其是针对灵丘县距京津塘距离近，可以为以上三地提供优质蔬菜，发展"菜篮子"工程，同时增加灵丘县农民收入，促进灵丘县农业经济的快速增长；三是针对耕地土壤的障碍因子，提出中低产田改造、防止土壤退化及修复已污染土壤的意见和措施，提高耕地综合生产能力；四是通过调查，建立全县耕地资源信息管理系统和测土配方施肥专家咨询系统，对耕地质量和测土配方施肥实行计算机网络管理，形成较为完善的测土配方施肥数据库，为农业增产、农村增效、农民增收提供科学决策依据，保证农业可持续发展。

第一节　工作准备

一、组织准备

由山西省农业厅牵头成立测土配方施肥和耕地地力调查领导组、专家组、技术指导组，灵丘县也相应成立了相关领导组、办公室、野外调查队和室内资料数据汇总组。

二、物质准备

根据《规程》和《规范》的要求，进行了充分的物质准备，先后配备了GPS定位仪、不锈钢土钻、钢卷尺、100立方厘米环刀、土袋、可封口塑料袋、水样瓶、水样固定剂、化验药品、化验室仪器、调查表格，以及计算机、测土配方施肥数据管理系统软件等。并在原来土壤化验室基础上，进行必要补充和维修，为全面调查和室内化验分析做好充分的物质准备。

三、技术准备

领导组聘请农业系统有关专家及第二次土壤普查有关人员，组成技术指导组，根据《规程》和《山西省2005年区域性耕地地力调查与质量评价实施方案》及《规范》，制定了《灵丘县测土配方施肥技术规范及耕地地力调查与质量评价技术规程》和技术培训教材。在采样调查前对采样调查人员进行认真、系统的技术培训。

四、资料准备

按照《规程》和《规范》的要求，收集了灵丘县行政区划图、地形图、第二次土壤普查成果图、土地利用现状图、农田水利分区图等图件。同时，还收集了第二次土壤普查成果资料，基本农田保护区地块基本情况、基本农田保护区划统计资料，农田水利灌溉区域、面积及地块灌溉保证率，退耕还林规划，肥料、农药使用品种及数量、肥力动态监测等资料。

第二节　室内预研究

一、确定采样点位

（一）布点与采样原则

为了使土壤调查所获取的信息具有一定的典型性和代表性，提高工作效率，节省人力和资金。采样点参考县级土壤图，做好采样规划设计，确定采样点位。实际采样时严禁随意变更采样点，若有变更须注明理由。我们在布点和采样时主要遵循了以下原则：一是布点具有广泛的代表性，同时兼顾均匀性。根据土壤类型、土地利用等因素，将采样区域划分为若干个采样单元，每个采样单元的土壤性状要尽可能均匀一致；二是尽可能在全国第二次土壤普查时的剖面或农化样取样点上布点；三是采集的样品具有典型性，能代表其对应的评价单元最明显、最稳定、最典型的特征，尽量避免各种非调查因素的影响；四是所调查农户随机抽取，按照事先所确定采样地点寻找符合基本采样条件的农户进行，采样在符合要求的同一农户的同一地块内进行。

（二）布点方法

按照农业部《规范》的要求，平川水地150亩采集一个土样，旱垣地200亩采集一个土样，丘陵山区100亩采集一个土样，特殊地形单独定点，以村根据土壤类型、种植制度、作物种类、产量水平等因素的不同，确定布点点位（村与村接壤部位统一规划），实地采样时为选择有代表性的农户可进行适当调整，依据上述情况实际布设大田样点5 600个。一是依据山西省第二次土壤普查土种归属表，把那些图斑面积过小的土种，适当合并至母质类型相同、质地相近、土体构型相似的土种，修改编绘出新的土种图；二是将归并后的土种图和土地利用现状图叠加，形成评价单元；三是根据评价单元的个数及相应面积，在样点总数的控制范围内，初步确定不同评价单元的采样点数；四是在评价单元中，根据图斑大小、种植制度、作物种类、产量水平等因素的不同，确定布点数量和点位，并在图上予以标注。点位尽可能选在第二次土壤普查时的典型剖面取样点或农化样品取样点上；五是不同评价单元的取样数量和点位确定后，按照土种、作物品种、产量水平等因素，分别统计其相应的取样数量。当某一因素点位数过少或过多时，再根据实际情况进行适当调整。

二、确定采样方法

1. 采样时间 春季在作物施肥播种前进行，秋季在作物收获后土地封冻前进行。按叠加图上确定的调查点位去野外采集样品。通过向农民实地了解当地的农业生产情况，确定最具代表性的同一农户的同一块田采样，田块面积均在1亩以上，并用GPS定位仪确定地理坐标和海拔高程，记录经纬度，精确到0.1″。依此准确方位修正点位图上的点位位置。

2. 调查、取样 向已确定采样田块的户主，按农户地块调查表格的内容逐项进行调查并认真填写。调查严格遵循实事求是的原则，对那些说不清楚的农户，通过访问地力水平相当、位置基本一致的其他农户或对实物进行核对推算。采样主要采用“S”法，均匀随机采取15～20个采样点，充分混合后，四分法留取1千克组成一个土壤样品，并装入已准备好的土袋中。

3. 采样工具 主要采用不锈钢土钻，采样过程中努力保持土钻垂直，样点密度均匀，基本符合厚薄、宽窄、数量的均匀特征。化验微量元素的土样用木制或塑料制品取样，避免使用铁质取样器，影响化验结果。

4. 采样深度 为0～20厘米耕作层土样。

5. 采样记录 填写两张标签，土袋内外各具1张，注明采样编号、采样地点、采样人、采样日期等。

采样的同时，填写大田采样点基本情况调查表和大田采样点农户施肥调查表。

三、确定调查内容

根据《规范》要求，按照“测土配方施肥采样地块基本情况调查表”认真填写。这次调查的范围是基本农田保护区耕地和园地，包括蔬菜、果园和其他经济作物田，调查内容主要有4个方面：一是与耕地地力评价相关的耕地自然环境条件，农田基础设施建设水平和土壤理化性状，耕地土壤障碍因素和土壤退化原因等；二是与农产品品质相关的耕地土壤环境状况，如土壤的富营养化、养分不平衡与缺乏微量元素和土壤污染等；三是与农业结构调整密切相关的耕地土壤适宜性问题等；四是农户生产管理情况调查。

以上资料的获得，一是利用第二次土壤普查和土地利用详查等现有资料，通过收集整理而来；二是采用以点带面的调查方法，经过实地调查访问农户获得的；三是对所采集样品进行相关分析化验后取得；四是将所有有限的资料、农户生产管理情况调查资料、分析数据录入到计算机中，并经过矢量化处理形成数字化图件、插值，使每个地块均具有各种资料信息，来获取相关资料信息。这些资料和信息，对分析耕地地力评价与耕地质量评价结果及影响因素具有重要意义。如通过分析农户投入和生产管理对耕地地力土壤环境的影响，分析农民现阶段投入成本与耕地质量直接的关系，有利于提高成果的现实性，引起各级领导的关注，为各级领导的政策决定提供科学依据。通过对每个地块资源的充实完善，可以从微观角度，对土、肥、气、热、水资源运行情况有更周密的了解，提出管理措施和对策，指导农民进行资源合理利用和分配。通过对全部信息资料的了解和掌握，可以宏观调控资源配置，合理调整农业产业结构，科学指导农业生产。

四、确定分析项目和方法

根据《规程》及《山西省耕地地力调查及质量评价实施方案》和《规范》规定，土壤质量调查样品检测项目为：

大量元素 8 项：有机质、全氮、碱解氮、速效钾、缓效钾、有效磷（速效磷）、pH、全盐（水溶性盐总量）；中微量元素 10 项：铁（Fe）、铜（Cu）、锌（Zn）、锰（Mn）、硼（B）、硫（S）、全磷、全钾、代换量（阳离子交换量）、钼（Mo）。共 18 个项目，其分析方法均按全国统一规定的测定方法进行。

五、确定技术路线

灵丘县耕地地力调查与质量评价所采用的技术路线见图 2 - 1。

1. 确定评价单元　利用 1∶50 000 土壤图和 1∶10 000 土地利用现状图矢量化叠加的图斑为基本评价单元，形成耕地地力评价 5 600 个。相似相近的评价单元至少采集一个土壤样品进行分析，在评价单元图上连接评价单元属性数据库，用计算机绘制各评价因子图。

2. 确定评价因子　根据全国、省级耕地地力评价指标体系，并通过农、科、教各方专家论证来选择灵丘县县域耕地地力评价因子。

3. 确定评价因子权重　用模糊数学德尔菲法和层次分析法将评价因子标准数据化，并计算出每一评价因子的权重。

4. 数据标准化　选用隶属函数法和专家经验法等数据标准化方法，对评价指标进行数据标准化处理，对定性指标要进行数值化描述。

5. 综合地力指数计算　用各因子的地力指数累加得到每个评价单元的综合地力指数。

6. 划分地力等级　根据综合地力指数分布的累积频率曲线法或等距法，确定分级方案，并划分地力等级。

7. 归入全国耕地地力等级体系　依据《全国耕地类型区、耕地地力等级划分》（NY/T 309—1996），归纳整理各级耕地地力要素主要指标，结合专家经验，将各级耕地地力归入全国耕地地力等级体系。

8. 划分中低产田类型　依据《全国中低产田类型划分与改良技术规范》（NY/T 310—1996），分析评价单元耕地土壤主要障碍因素，划分并确定中低产田类型。

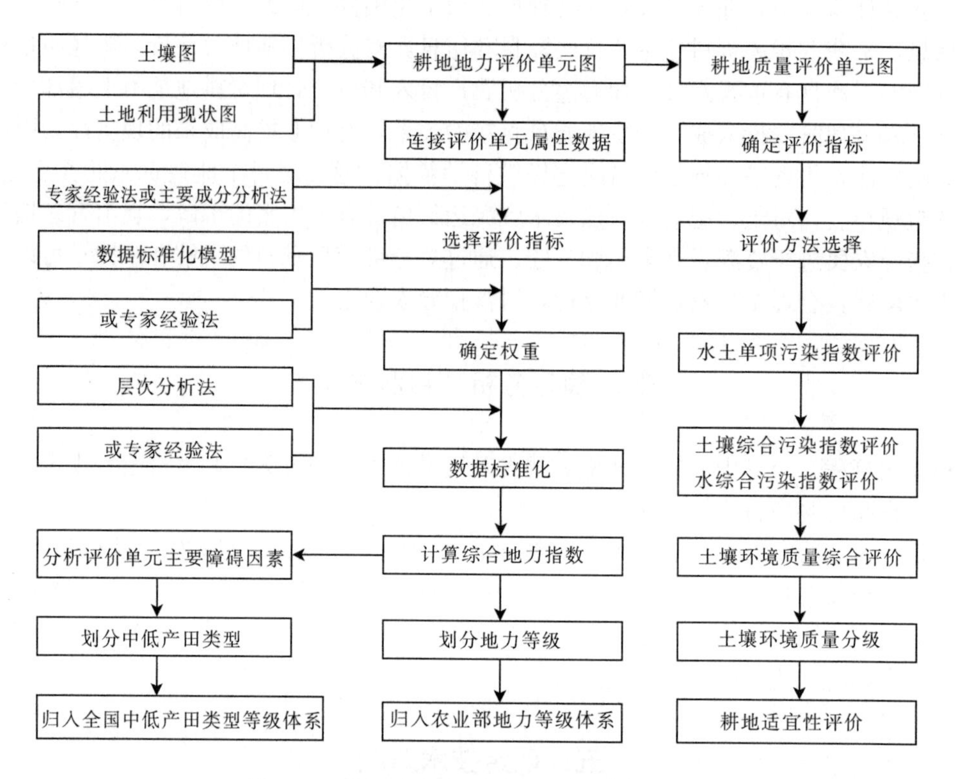

图 2-1　耕地地力调查与质量评技术路线流程

第三节　野外调查及质量控制

一、调查方法

野外调查的重点是对取样点的立地条件、土壤属性、农田基础设施条件、农户栽培管理成本、收益等情况全面了解、掌握。

1. 室内确定采样位置　技术指导组根据要求，在 1∶10 000 评价单元图上确定各类型采样点的采样位置，并在图上标注。

2. 培训野外调查人员　抽调技术素质高、责任心强的农业技术人员，包括一些参加过第二次土壤普查人员，经过为期一周的专业培训和野外实习，按照山、川、坡不同区域及行政区划，组成 5 支野外调查队，共 35 人参加野外调查。

3. 根据规程和规范要求，严格取样　各野外调查支队根据图标位置，在了解农户农业生产情况基础上，确定具有代表性田块和农户，用 GPS 定位仪进行定位，依据田块准确方位修正点位图上的点位位置。

4. 按照《规程》、省级实施方案要求规定和《规范》规定，填写调查表格，并将采集的样品统一编号，带回室内化验。

二、调查内容

（一）基本情况调查项目

1. 采样地点和地块　地址名称采用民政部门认可的正式名称。地块采用当地的通俗名称。

2. 经纬度及海拔高度　由GPS定位仪进行测定。

3. 地形地貌　以形态特征划分为五大地貌类型，即山地、丘陵、平原、高原及盆地。

4. 地形部位　指中小地貌单元。主要包括河漫滩、一级阶地、二级阶地、高阶地、坡地、梁地、垣地、峁地、山地、沟谷、洪积扇（上、中、下）、倾斜平原、河槽地、冲积平原。

5. 地面坡度　一般分为<2.0°、2.1°～5.0°、5.1°～8.0°、8.1°～15.0°、15.1°～25.0°、≥25.0°。

6. 侵蚀情况　按侵蚀种类和侵蚀程度记载，根据土壤侵蚀类型可划分为水蚀、风蚀、重力侵蚀、冻融侵蚀、混合侵蚀等，侵蚀程度通常分为无、明显、轻度、中度、强度、极强度6级。

7. 潜水深度　指地下水深度，分为深位（3～5米）、中位（2～3米）、浅位（≤2米）。

8. 家庭人口及耕地面积　指每个农户实有的人口数量和种植耕地面积（亩）。

（二）土壤性状调查项目

1. 土壤名称　统一按第二次土壤普查时的连续命名法填写，详细到土种。

2. 土壤质地　国际制；全部样品均需采用手摸测定；质地分为：沙土、沙壤、壤土、黏壤、黏土5级。室内选取10%的样品采用比重计法（粒度分布仪法）测定。

3. 质地构型　指不同土层之间质地构造变化情况。一般可分为通体壤、通体黏、通体沙、黏夹沙、底沙、壤夹黏、多砾、少砾、夹砾、底砾、少姜、多姜等。

4. 耕层厚度　用铁锹垂直铲下去，用钢卷尺按实际进行测量确定。

5. 土壤母质　按成因类型分为保德红土、残积物、河流冲积物、洪积物、黄土状冲积物、离石黄土、马兰黄土等类型。

（三）农田设施调查项目

1. 地面平整度　按大范围地面坡度分为平整（<2°）、基本平整（2°～5°）、不平整（>5°）。

2. 梯田化水平　分为地面平坦、园田化水平高，地面基本平坦、园田化水平较高，高水平梯田，缓坡梯田，新修梯田，坡耕地6种类型。

3. 田间输水方式　管道、防渗渠道、土渠等。

4. 灌溉方式　分为漫灌、畦灌、沟灌、滴灌、喷灌、管灌等。

5. 灌溉保证率　分为充分满足、基本满足、一般满足、无灌溉条件4种情况或按灌溉保证率（%）计。

6. 排涝能力　分为强、中、弱3级。

（四）生产性能与管理情况调查项目

1. 种植（轮作）制度 分为一年一熟、一年两熟、两年三熟等。

2. 作物（蔬菜）种类与产量 指调查地块上年度主要种植作物及其平均产量。

3. 耕翻方式及深度 指翻耕、旋耕、耙地、耱地、中耕等。

4. 秸秆还田情况 分翻压还田、覆盖还田等。

5. 设施类型棚龄或种菜年限 分为薄膜覆盖、塑料拱棚、温室等，棚龄以正式投入算起。

6. 上年度灌溉情况 包括灌溉方式、灌溉次数、年灌水量、水源类型、灌溉费用等。

7. 年度施肥情况 包括有机肥、氮肥、磷肥、钾肥、复合（混）肥、微肥、叶面肥、微生物肥及其他肥料施用情况，有机肥要注明类型，化肥指纯养分。

8. 上年度生产成本 包括化肥、有机肥、农药、农膜、种子（种苗）、机械人工及其他。

9. 上年度农药使用情况 农药作用次数、品种、数量。

10. 产品销售及收入情况。

11. 作物品种及种子来源。

12. 蔬菜效益 指当年纯收益。

三、采样数量

在灵丘县51.2万亩耕地上，共采集大田土壤样品5 600个。其中，2008年采集3 500个，2009年采集1 500个，2010年采集600个。

四、采样控制

野外调查采样是此次调查评价的关键。既要考虑采样代表性、均匀性，也要考虑采样的典型性。根据灵丘县的区划划分特征，并针对这次测土工作的取土技术要求和取土土样必须要有代表性和覆盖性，结合第二次土壤普查资料及土地利用现状，根据灵丘县种植实际和土壤结构情况，按山地50亩、旱垣地100亩的面积采集1个土壤样品的办法，按不同土种进行划分取样单元。并根据唐河二级阶地、一级阶地、河漫滩、北山黄土丘陵区、南部山区坡耕地、沟坝地及不同作物类型、不同地力水平的农田严格按照规程和规范要求均匀布点，并按图标布点实地核查后进行定点采样，整个采样过程严肃认真，达到了规程要求，保证了调查采样质量，为土样采集做好准备。

第四节　样品分析及质量控制

一、分析项目及方法

（一）物理性状

土壤容重：采用环刀法测定。

（二）化学性状

1. 土壤样品

（1）pH：土液比1∶2.5，采用电位法测定。

（2）有机质：采用油浴加热重铬酸钾氧化容量法测定。

（3）全磷：采用氢氧化钠熔融——钼锑抗比色法测定。

（4）有效磷：采用碳酸氢钠或氟化铵—盐酸浸提——钼锑抗比色法测定。

（5）全钾：采用氢氧化钠熔融——火焰光度计或原子吸收分光光度计法测定。

（6）速效钾：采用乙酸铵浸提——火焰光度计或原子吸收分光光度计法测定。

（7）全氮：采用凯氏蒸馏法测定。

（8）碱解氮：采用碱解扩散法测定。

（9）缓效钾：采用硝酸提取——火焰光度法测定。

（10）有效铜、锌、铁、锰：采用DTPA提取——原子吸收光谱法测定。

（11）有效钼：采用草酸—草酸铵浸提——极谱法草酸—草酸铵提取、极谱法测定。

（12）水溶性硼：采用沸水浸提——甲亚胺—H比色法或姜黄素比色法测定。

（13）有效硫：采用磷酸盐——乙酸或氯化钙浸提——硫酸钡比浊法测定。

（14）有效硅：采用柠檬酸浸提——硅钼蓝色比色法测定。

（15）交换性钙和镁：采用乙酸铵提取——原子吸收光谱法测定。

（16）阳离子交换量：采用EDTA——乙酸铵盐交换法测定。

2. 土壤污染样品

（1）pH：采用玻璃电极法。

（2）铅、镉：采用石墨炉原子吸收分光光度法（GB/T 17141—1997）。

（3）总汞：采用冷原子吸收光谱法（GB/T 17136—1997）。

（4）总砷：采用二乙基二硫代氨基甲酸银分光光度法（GB/T 17134—1997）。

（5）总铬：采用火焰原子吸收分光光度法（GB/T 17137—1997）。

（6）铜、锌：采用火焰原子吸收光分光度法（GB/T 17138—1997）。

（7）镍：采用火焰原子吸收分光光度法（GB/T 17139—1997）。

（8）六六六、滴滴涕：采用气相色谱法（GB 14550—2003）。

二、分析测试质量控制

分析测试质量主要包括野外调查取样后样品风干、处理与实验室分析化验质量，其质量的控制是调查评价的关键。

（一）样品风干及处理

常规样品如大田样品、果园土壤样品，及时放置在干燥、通风、卫生、无污染的室内风干，风干后送化验室处理。

将风干后的样品平铺在制样板上，用木棍或塑料棍碾压，并将植物残体、石块等侵入体和新生体剔除干净。细小已断的植物须根，可采用静电吸附的方法清除。压碎的土样用2毫米孔径筛过筛，未通过的土粒重新碾压，直至全部样品通过2毫米孔径筛为止。通过

2毫米孔径筛的土样可供pH、盐分、交换性能及有效养分等项目的测定。

将通过2毫米孔径筛的土样用四分法取出一部分继续碾磨，使之全部通过0.25毫米孔径筛，供有机质、全氮、碳酸钙等项目的测定。

用于微量元素分析的土样，其处理方法同一般化学分析样品，但在采样、风干、研磨、过筛、运输、贮存等诸环节都要特别注意，不要接触容易造成样品污染的铁、铜等金属器具。采样、制样推荐使用不锈钢、木、竹或塑料工具，过筛使用尼龙网筛等。通过2毫米孔径尼龙筛的样品可用于测定土壤有效态微量元素。

将风干土样反复碾碎，用2毫米孔径筛过筛。留在筛上的碎石称量后保存，同时将过筛的土壤称重，计算石砾质量百分数。将通过2毫米孔径筛的土样混匀后盛于广口瓶内，用于颗粒分析及其他物理性质测定。若风干土样中有铁锰结核、石灰结核、铁子或半风化体，不能用木棍碾碎，应首先将其细心拣出称量保存，然后再进行碾碎。

（二）实验室质量控制

1. 在测试前采取的主要措施

（1）按规程要求制订了周密的采样方案，尽量减少采样误差（把采样作为分析检验的一部分）。

（2）正式开始分析前，对检验人员进行了为期2周的培训：对监测项目、监测方法、操作要点、注意事项一一进行培训，并进行了质量考核，为检验人员掌握了解项目分析技术、提高业务水平、减少误差等奠定了基础。

（3）收样登记制度：制定了收样登记制度，将收样时间、制样时间、处理方法与时间、分析时间一一登记，并在收样时确定样品统一编码、野外编码及标签等，从而确保了样品的真实性和整个过程的完整性。

（4）测试方法确认（尤其是同一项目有几种检测方法时）：根据实验室现有条件、要求规定及分析人员掌握情况等确立最终采取的分析方法。

（5）测试环境确认：为减少系统误差，对实验室温湿度、试剂、用水、器皿等一一检验，保证其符合测试条件。对有些相互干扰的项目分开实验室进行分析。

（6）检测用仪器设备及时进行计量检定，定期进行运行状况检查。

2. 在检测中采取的主要措施

（1）仪器使用实行登记制度，并及时对仪器设备进行检查维修和调整。

（2）严格执行项目分析标准或规程，确保测试结果准确性。

（3）坚持平行试验、必要的重显性试验，控制精密度，减少随机误差。

每个项目开始分析时每批样品均须做100％平行样品，结果稳定后，平行次数减少50％，最少保证做10％～15％平行样品。每个化验人员都自行编入明码样做平行测定，质控员还编入10％密码样进行质量控制。

平行双样测定结果的误差在允许的范围之内为合格；平行双样测定全部不合格者，该批样品须重新测定；平行双样测定合格率＜95％时，除对不合格的重新测定外，再增加10％～20％的平行测定率，直到总合格率达95％。

（4）坚持带质控样进行测定：

①与标准样对照。分析中，我们每批次带标准样品10％～20％，以测定的精密度合

格的前提下，标准样测定值在标准保证值（95%的置信水平）范围的为合格，否则本批结果无效，进行重新分析测定。

②加标回收法。对灌溉水样由于无标准物质或质控样品，采用加标回收试验来测定准确度。

加标率，在每批样品中，随机抽取10%～20%试样进行加标回收测定。

加标量，被测组分的总量不得超出方法的测定上限。加标浓度宜高，体积应小，不应超过原定试样体积的1%。

加标回收率在90%～110%范围内的为合格。

$$加标回收率(\%)=\frac{测得总量-样品含量}{标准加入量}\times 100$$

根据回收率大小，也可判断是否存在系统误差。

（5）注重空白试验：全程空白值是指用某一方法测定某物质时，除样品中不含该物质外，整个分析过程中引起的信号值或相应浓度值。它包含了试剂、蒸馏水中杂质带来的干扰，从待测试样的测定值中扣除，可消除上述因素带来的系统误差。如果空白值过高，则要找出原因，采取其他措施（如提纯试剂、更新试剂、更换容器等）加以消除。保证每批次样品做2个以上空白样，并在整个项目开始前按要求做全程序空白测定，每次做2个平行空白样，连测5天共得10个测定结果，计算批内标准偏差 S_{wb}

$$S_{wb}=[\sum(X_i-X_{平})^2/m(n-1)]^{1/2}$$

式中：n——每天测定平均样个数；

　　m——测定天数。

（6）做好校准曲线。比色分析中标准系列保证设置6个以上浓度点。根据浓度和吸光值按一元线性回归方程 $Y=a+bX$ 计算其相关系数，

式中：Y——吸光度；

　　X——待测液浓度；

　　a——截距；

　　b——斜率。要求标准曲线相关系数 $r\geqslant 0.999$。

校准曲线控制：①每批样品皆需做校准曲线；②标准曲线力求 $r\geqslant 0.999$，且有良好重现性；③大批量分析时每测10～20个样品要用一标准液校验，检查仪器状况；④待测液浓度超标时不能任意外推。

（7）用标准物质校核实验室的标准滴定溶液：标准物质的作用是校准。对测量过程中使用的基准纯、优级纯的试剂进行校验。校准合格才准用，确保量值准确。

（8）详细、如实记录测试过程，使检测条件可再现、检测数据可追溯。对测量过程中出现的异常情况也及时记录，及时查找原因。

（9）认真填写测试原始记录，测试记录做到：如实、准确、完整、清晰。记录的填写、更改均制定了相应制度和程序。当测试由一人读数一人记录时，记录人员复读多次所记的数字，减少误差发生。

3. 检测后主要采取的技术措施

（1）加强原始记录校核、审核，实行“三审三校”制度，对发现的问题及时研究、解

决，或召开质量分析会，达成共识。

（2）运用质量控制图预防质量事故发生：对运用均值一极差控制图的判断，参照《质量专业理论与实名》中的判断准则。对控制样品进行多次重复测定，由所得结果计算出控制样的平均值 X 及标准差 S（或极差 R），就可绘制均值一标准差控制图（或均值—极差控制图），纵坐标为测定值，横坐标为获得数据的顺序。将均值 X 作成与横坐标平行的中心级 CL，$X \pm 3S$ 为上下警戒限 UCL 及 LCL，$X \pm 2S$ 为上下警戒限 UWL 及 LWL，在进行试样列行分析时，每批带入控制样，根据差异判异准则进行判断。如果在控制限之外，该批结果为全部错误结果，则必须查出原因，采取措施，加以消除，除“回控”后再重复测定，并控制不再出现，如果控制样的结果落在控制限和警戒限之间，说明精密度已不理想，应引起注意。

（3）控制检出限：检出限是指对某一特定的分析方法在给定的置信水平内，可以从样品中检测的待测物质的最小浓度或最小量。根据空白测定的批内标准偏差（S_{wb}）按下列公式计算检出限（95%的置信水平）。

①若试样一次测定值与零浓度试样一次测定值有显著性差异时，检出限（L）按下列公式计算：

$$L = 2 \times 2^{1/2} t_f S_{wb}$$

式中：L——方法检出限；

t_f——显著水平为 0.05（单侧）、自由度为 f 的 t 值；

S_{wb}——批内空白值标准偏差；

f——批内自由度，$f=m\ (n-1)$，m 为重复测定次数，n 为平行测定次数。

②原子吸收分析方法中检出限计算：$L=3\ S_{wb}$。

③分光光度法以扣除空白值后的吸光值为 0.010 相对应的浓度值为检出限。

（4）及时对异常情况处理：

①异常值的取舍。对检测数据中的异常值，按 GB 4883 标准规定采用 Grubbs 法或 Dixon 法加以判断处理。

②因外界干扰（如停电、停水），检测人员应终止检测，待排除干扰后重新检测，并记录干扰情况。当仪器出现故障时，故障排除后校准合格的，方可重新检测。

（5）使用计算机采集、处理、运算、记录、报告、存储检测数据时，应制定相应的控制程序。

（6）检验报告的编制、审核、签发：检验报告是实验工作的最终结果，是实验室的产品，因此对检验报告质量要高度重视。检验报告应做到完整、准确、清晰、结论正确。必须坚持三级审核制度，明确制表、审核、签发的职责。

除此之外，为保证分析化验质量，提高实验室之间分析结果的可比性，山西省土壤肥料工作站抽查 5%～10%样品在省测试中心进行复核，并编制密码样，对实验室进行质量监督和控制。

4. 技术交流 在分析过程中，发现问题及时交流，改进方法，不断提高技术水平。

5. 数据录入 分析数据按规程和方案要求审核后编码整理，和采样点一一对照，确认无误后进行录入。采取双人录入相互对照的方法，保证录入正确率。

第五节 评价依据、方法及评价标准体系的建立

一、评价原则依据

经专家评议，灵丘县确定了13个因子为耕地地力评价指标。

1. 立地条件 指耕地土壤的自然环境条件，它包含与耕地质量直接相关的地貌类型及地形部位、成土母质、地面坡度3个指标。

（1）地貌部位及其特征描述：灵丘县由平原到山地垂直分布的主要地形地貌有河流及河谷冲积平原（河漫滩、一级阶地、二级阶地），山前倾斜平原（洪积扇上、中、下等），丘陵（梁地、坡地等）和山地（石质山、土石山等）。

（2）成土母质及其主要分布：在灵丘县耕地上分布的母质类型有洪积物、河流冲积物、残积物、离石黄土、黄土状冲积物（丘陵及山前倾斜平原区）。

（3）地面坡度：地面坡度反映水土流失程度，直接影响耕地地力，灵丘县将地面坡度小于25°的耕地依坡度大小分成6级（＜2.0°、5.0°～2.1°、8.0°～5.1°、15.0°～8.1°、25.0°～15.1°、≥25.0°）进入地力评价系统。

2. 土体构型

土体构型：指土壤剖面中不同土层间质地构造变化情况，直接反映土壤发育及障碍层次，影响根系发育、水肥保持及有效供给，包括有效土层厚度、耕作层厚度、质地构型3个因素。

（1）有效土层厚度。指土壤层和松散的母质层之和，按其厚度（厘米）深浅从高到低依次分为6级（＞150、101～150、76～100、51～75、26～50、≤25）进入地力评价系统。

（2）耕层厚度。按其厚度（厘米）深浅从高到低依次分为6级（＞30、26～30、21～25、16～20、11～15、≤10）进入地力评价系统。

（3）质地构型。灵丘县耕地质地构型主要分为通体型（包括通体壤、通体黏、通体沙）、夹沙（包括壤夹沙、黏夹沙）、底沙、夹黏（包括壤夹黏、沙夹黏）、深黏、夹砾、底砾、通体少砾、通体多砾、通体少姜、浅姜、通体多姜等。

3. 耕层土壤理化性状 分为较稳定的理化性状（质地、有机质、pH）

（1）耕层质地：影响水肥保持及耕作性能。按卡庆斯基制的6级划分体系来描述，分别为沙土、沙壤、轻壤、中壤、重壤、黏土。

（2）有机质：土壤肥力的重要指标，直接影响耕地地力水平。按其含量（克/千克）从高到低依次分为6级（＞25.00、20.01～25.00、15.01～20.00、10.01～15.00、5.01～10.00、≤5.00）进入地力评价系统。

（3）pH：过大或过小，作物生长发育受抑。按照灵丘县耕地土壤的pH范围，按其测定值由低到高依次分为6级（6.0～7.0、7.0～7.9、7.9～8.5、8.5～9.0、9.0～9.5、≥9.5）进入地力评价系统。

4. 易变化的化学性状

（1）有效磷：按其含量（毫克/千克）从高到低依次分为6级（>25.00、20.1～25.00、15.1～20.00、10.1～15.00、5.1～10.00、≤5.00）进入地力评价系统。

（2）速效钾：按其含量（毫克/千克）从高到低依次分为6级（>200、151～200、101～150、81～100、51～80、≤50）进入地力评价系统。

5. 农田基础设施条件

（1）灌溉保证率：指降水不足时的有效补充程度，是提高作物产量的有效途径，分为充分满足，可随时灌溉；基本满足，在关键时期可保证灌溉；一般满足，大旱之年不能保证灌溉；无灌溉条件4种情况。

（2）梯（园）田化水平：按园田化和梯田类型及其熟化程度分为地面平坦、园田化水平高，地面基本平坦、园田化水平较高，高水平梯田，缓坡梯田、熟化程度5年以上，新修梯田；坡耕地6种类型。

二、评价方法及流程

耕地地力评价

1. 技术方法

（1）文字评述法：对一些概念性的评价因子（如地形部位、土壤母质、质地构型、质地、梯田化水平、盐渍化程度等）进行定性描述。

（2）专家经验法（德尔菲法）：山西省农业厅组织省土壤肥料工作站、大同市土壤肥料工作站、灵丘县农业委员会专家和当地农业生产实践经验的技术人员，参与评价因素的筛选和隶属度确定（包括概念型和数值型评价因子的评分），见表2-1。

表2-1 各评价因子专家打分意见表

因 子	平均值	众数值	建议值
立地条件（C_1）	1.60	1（17）	1
土体构型（C_2）	3.70	3（15）5（13）	3
较稳定的理化性状（C_3）	4.47	3（13）5（10）	4
易变化的化学性状（C_4）	4.20	5（13）3（11）	5
农田基础建设（C_5）	1.47	1（17）	1
地形部位（A_1）	1.80	1（23）	1
成土母质（A_2）	3.90	3（9）5（12）	5
地面坡度（A_3）	3.10	3（14）5（7）	3
有效土层厚度（A_4）	2.80	1（14）3（9）	1
耕层厚度（A_5）	2.70	3（17）1（10）	3
剖面构型（A_6）	2.80	1（12）3（11）	1

（续）

因　子	平均值	众数值	建议值
耕层质地（A_7）	2.90	1 (13) 5 (11)	1
有机质（A_8）	2.70	1 (14) 3 (11)	3
pH（A_9）	4.50	3 (10) 7 (10)	5
有效磷（A_{10}）	1.00	1 (31)	1
速效钾（A_{11}）	2.70	3 (16) 1 (10)	3
灌溉保证率（A_{12}）	1.20	1 (30)	1
园（梯）田化水平（A_{13}）	4.50	5 (15) 7 (7)	5

（3）模糊综合评判法：应用这种数理统计的方法对数值型评价因子（如地面坡度、有效土层厚度、耕层厚度、有机质、有效磷、速效钾、酸碱度、灌溉保证率等）进行定量描述，即利用专家给出的评分（隶属度）建立某一评价因子的隶属函数，见表2-2。

表2-2　灵丘县耕地地力评价数字型因子分级及其隶属度

评价因子	量纲	1级	2级	3级	4级	5级	6级
		量值	量值	量值	量值	量值	量值
地面坡度	°	<2.0	2.0～5.0	5.1～8.0	8.1～15.0	15.1～25.0	≥25
有效土层厚度	厘米	>150	101～150	76～100	51～75	26～50	≤25
耕层厚度	厘米	>30	26～30	21～25	16～20	11～15	≤10
有机质	克/千克	>25.0	20.01～25.00	15.01～20.00	10.01～15.00	5.01～10.00	≤5.00
pH		6.7～7.0	7.1～7.9	8.0～8.5	8.6～9.0	9.1～9.5	≥9.5
有效磷	毫克/千克	>25.0	20.1～25.0	15.1～20.0	10.1～15.0	5.1～10.0	≤5.0
速效钾	毫克/千克	>200	151～200	101～150	81～100	51～80	≤50
灌溉保证率		充分满足	基本满足	基本满足	一般满足	无灌溉条件	

（4）层次分析法：用于计算各参评因子的组合权重。本次评价，把耕地生产性能（即耕地地力）作为目标层（G层），把影响耕地生产性能的立地条件、土体构型、较稳定的理化性状、易变化的化学性状、农田基础设施条件作为准则层（C层），再把影响准则层中的各因素的项目作为指标层（A层），建立耕地地力评价层次结构图。在此基础上，由34名专家分别对不同层次内各参评因素的重要性作出判断，构造出不同层次间的判断矩阵。最后计算出各评价因子的组合权重。

（5）指数和法：采用加权法计算耕地地力综合指数，即将各评价因子的组合权重与相应的因素等级分值（即由专家经验法或模糊综合评判法求得的隶属度）相乘后累加，如：

$$IFI = \sum B_i \times A_i (i = 1,2,3,\cdots,15)$$

式中：IFI——耕地地力综合指数；

B_i——第 i 个评价因子的等级分值；

A_i——第 i 个评价因子的组合权重。

2. 技术流程

（1）应用叠加法确定评价单元：土地利用现状图与土壤图叠加形成的图斑作为评价单元。

（2）空间数据与属性数据的连接：用评价单元图分别与各个专题图叠加，为每一评价单元获取相应的属性数据。根据调查结果，提取属性数据进行补充。

（3）确定评价指标：根据全国耕地地力调查评价指数表，由山西省土壤肥料工作站组织 34 名专家，采用特尔菲法和模糊综合评判法确定灵丘县耕地地力评价因子及其隶属度。

（4）应用层次分析法确定各评价因子的组合权重。

（5）数据标准化：计算各评价因子的隶属函数，对各评价因子的隶属度数值进行标准化。

（6）应用累加法计算每个评价单元的耕地地力综合指数。

（7）划分地力等级：分析综合地力指数分布，确定耕地地力综合指数的分级方案，划分地力等级。

（8）归入农业部地力等级体系：选择 10%的评价单元，调查近 3 年粮食单产（或用基础地理信息系统中已有资料），与以粮食作物产量为引导确定的耕地基础地力等级进行相关分析，找出两者之间的对应关系，将评价的地力等级归入农业部确定的等级体系（NY/T 309—1996　全国耕地类型区、耕地地力等级划分）。

（9）采用 GIS、GPS 系统编绘各种养分图和地力等级图等图件。

三、评价标准体系建立

耕地地力评价标准体系建立

1. 耕地地力要素的层次结构　见图 2－2。

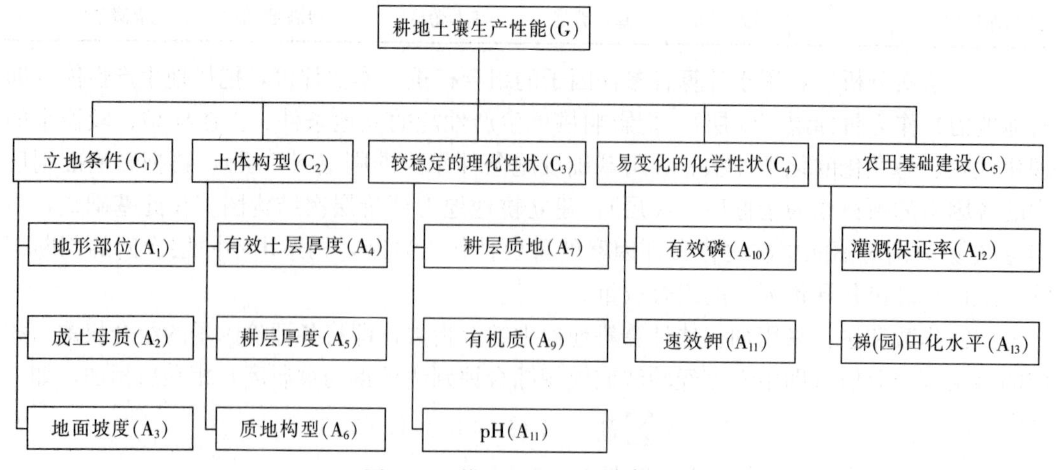

图 2－2　耕地地力要素层次结构

2. 耕地地力要素的隶属度

（1）概念性评价因子：各评价因子的隶属度及其描述见表 2-3。

（2）数值型评价因子：各评价因子的隶属函数（经验公式）见表 2-4。

3. 耕地地力要素的组合权重　应用层次分析法所计算的各评价因子的组合权重见表 2-5。

4. 耕地地力分级标准　灵丘县耕地地力分级标准见表 2-6。

表 2-3　灵丘县耕地地力评价概念性因子隶属度及其描述

地形部位	描述	河漫滩	一级阶地	二级阶地	高阶地	垣地	洪积扇（上、中、下）			倾斜平原	梁地	峁地	坡麓	沟谷
	隶属度	0.7	1.0	0.9	0.7	0.4	0.4	0.6	0.8	0.8	0.2	0.2	0.1	0.6

母质类型	描述	洪积物	河流冲积物	黄土状冲积物	残积物	保德红土	马兰黄土	离石黄土
	隶属度	0.7	0.9	1.0	0.2	0.3	0.5	0.6

质地构型	描述	通体壤	黏夹沙	底沙	壤夹黏	壤夹沙	沙夹黏	通体黏	夹砾	底砾	少砾	多砾	少姜	浅姜	多姜	通体沙	浅钙积	夹白干	底白干
	隶属度	1.0	0.6	0.7	1.0	0.9	0.3	0.6	0.4	0.7	0.8	0.2	0.8	0.4	0.2	0.3	0.4	0.4	0.7

耕层质地	描述	沙土	沙壤	轻壤	中壤	重壤	黏土
	隶属度	0.2	0.6	0.8	1.0	0.8	0.4

梯（园）田化水平	描述	地面平坦园田化水平高	地面基本平坦园田化水平较高	高水平梯田	缓坡梯田熟化程度5年以上	新修梯田	坡耕地
	隶属度	1.0	0.8	0.6	0.4	0.2	0.1

灌溉保证率	描述	充分满足	基本满足	一般满足	无灌溉条件
	隶属度	1.0	0.7	0.4	0.1

表 2-4　灵丘县耕地地力评价数值型因子隶属函数

函数类型	评价因子	经验公式	C	U_t
戒下型	地面坡度（°）	$y=1/[1+6.492\times10^{-3}\times(u-c)^2]$	3.0	≥25.0
戒上型	有效土层厚度（厘米）	$y=1/[1+1.118\times10^{-4}\times(u-c)^2]$	160.0	≤25.0
戒上型	耕层厚度（厘米）	$y=1/[1+4.057\times10^{-3}\times(u-c)^2]$	33.8	≤10.0
戒上型	有机质（克/千克）	$y=1/[1+2.912\times10^{-3}\times(u-c)^2]$	28.4	≤5.0

（续）

函数类型	评价因子	经验公式	C	U_t
戒下型	pH	$y=1/[1+0.5156\times(u-c)^2]$	7.0	≥9.5
戒上型	有效磷（毫克/千克）	$y=1/[1+3.035\times10^{-3}\times(u-c)^2]$	28.8	≤5.0
戒上型	速效钾（毫克/千克）	$y=1/[1+5.389\times10^{-5}\times(u-c)^2]$	228.76	≤50.0

表 2-5　灵丘县耕地地力评价因子层次分析结果

指标层	准则层					组合权重
	C_1 0.347 3	C_2 0.168 5	C_3 0.159 5	C_4 0.101 0	C_5 0.223 7	$\sum C_iA_i$ 1.000 0
A_1地形部位	0.590 2					0.205 0
A_2成土母质	0.172 5					0.059 9
A_3地面坡度	0.237 2					0.082 4
A_4有效土层厚度		0.383 8				0.064 7
A_5耕层厚度		0.232 3				0.039 1
A_6质地构型		0.383 8				0.064 7
A_7耕层质地			0.532 5			0.056 2
A_8有机质		0.338 0			0.053 9	
A_9pH			0.309 5			0.049 4
A_{10}有效磷				0.667 7		0.067 4
A_{11}速效钾				0.332 3		0.033 6
A_{12}灌溉保证率					0.750 5	0.167 9
A_{13}园田化水平					0.249 5	0.055 8

表 2-6　灵丘县耕地地力等级标准

等　级	生产能力综合指数	面　积（亩）	占面积（%）
Ⅰ	0.58～0.92	5.18	10.12
Ⅱ	0.53～0.58	6.25	12.21
Ⅲ	0.45～0.53	15.95	31.14

（续）

等　级	生产能力综合指数	面积（亩）	占面积（%）
Ⅳ	0.27～0.45	19.80	38.66
Ⅴ	0.17～0.27	4.03	7.87

第六节　耕地资源管理信息系统建立

一、耕地资源管理信息系统的总体设计

总体目标

耕地资源信息系统以一个县行政区域内耕地资源为管理对象，应用 GIS 技术对辖区内的地形、地貌、土壤、土地利用、农田水利、土壤污染、农业生产基本情况、基本农田保护区等资料进行统一管理，构建耕地资源基础信息系统，并将此数据平台与各类管理模型结合，对辖区内的耕地资源进行系统的动态管理，为农业决策者、农民和农业技术人员提供耕地质量动态变化、土壤适宜性、施肥咨询、作物营养诊断等多方位的信息服务。

本系统行政单元为村，农田单元为耕地地块，土壤单元为土种，系统基本管理单元为土壤、基本农田保护块、土地利用现状叠加所形成的评价单元。

1. 系统结构　见图 2－3。

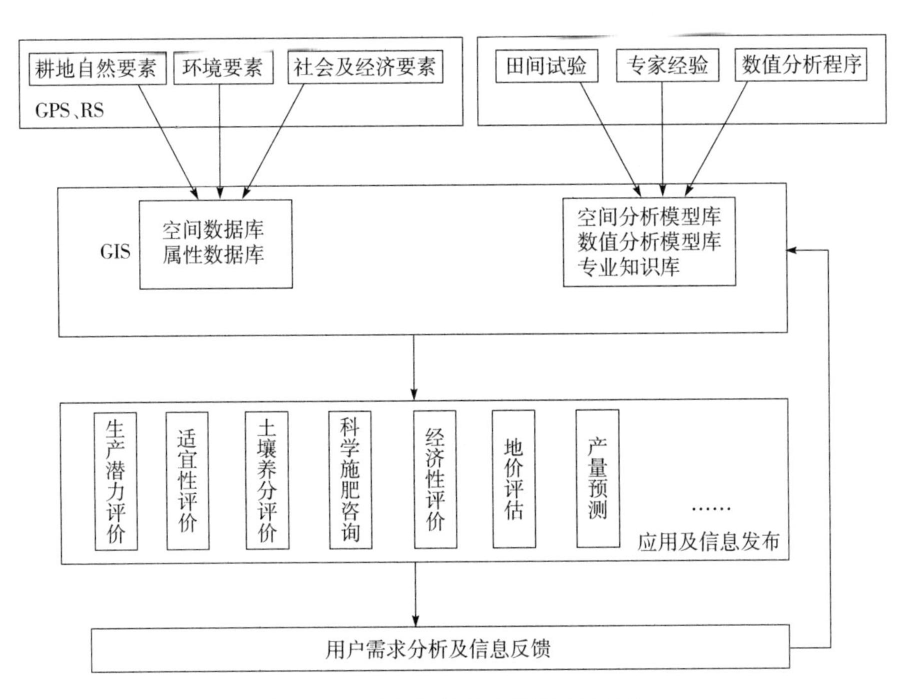

图 2－3　耕地资源管理信息系统结构

2. 县域耕地资源管理信息系统建立工作流程　见图 2－4。

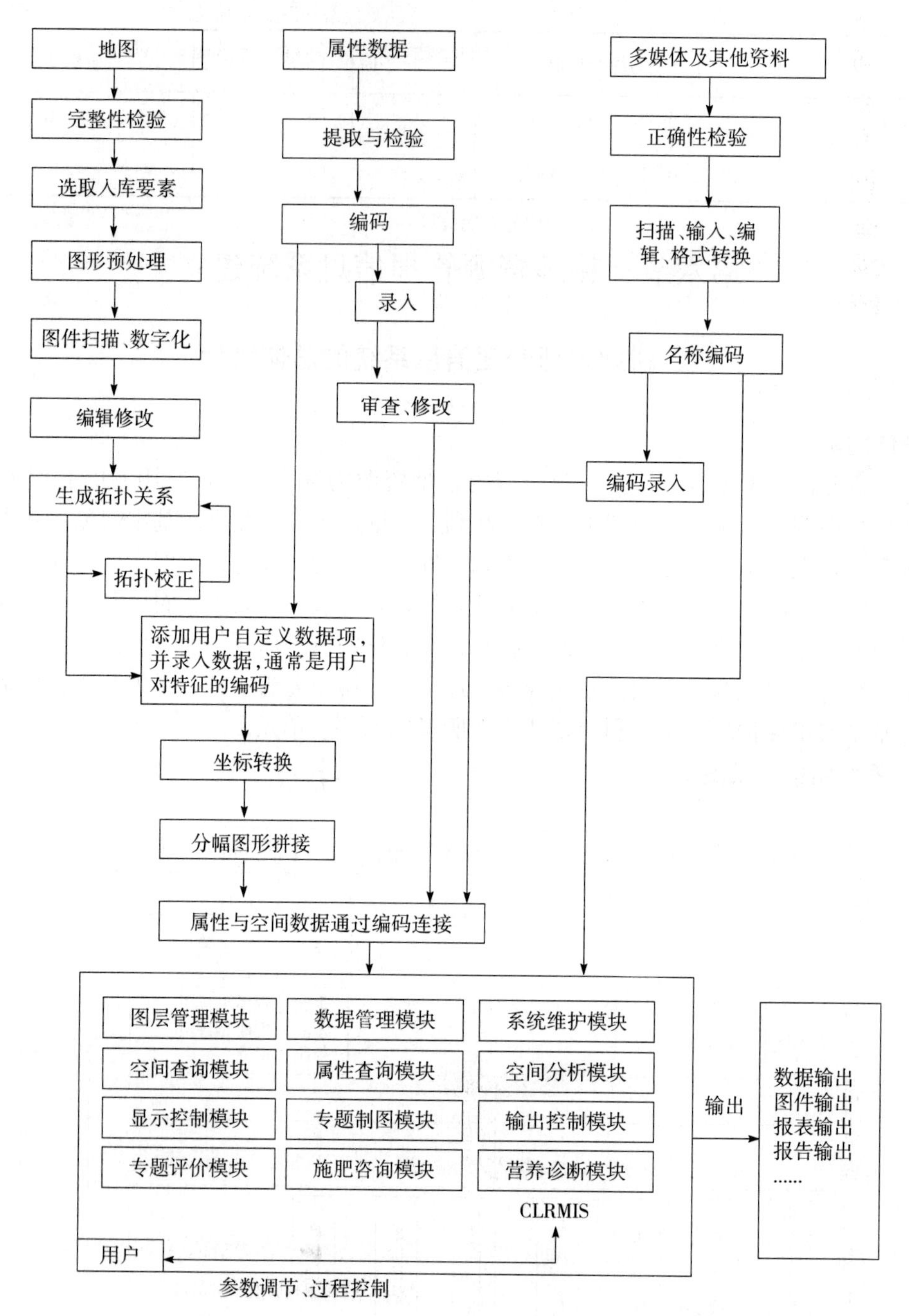

图 2-4　县域耕地资源管理信息系统建立工作流程

3. CLRMIS、硬件配置

（1）硬件：Intel 双核平台兼容机，≥2G 的内存，≥250G 的硬盘，≥512M 的显存，A4 扫描仪，彩色喷墨打印机。

（2）软件：Windows XP，Excel 2003 等。

二、资料收集与整理

（一）图件资料收集与整理

图件资料指印刷的各类地图、专题图以及商品数字化矢量和栅格图。图件比例尺为1∶50 000和1∶10 000。

（1）地形图：统一采用中国人民解放军总参谋部测绘局测绘的地形图。由于近年来公路、水系、地形地貌等变化较大，因此采用水利、公路、规划、国土等部门的有关最新图件资料对地形图进行修正。

（2）行政区划图：由于近年撤乡并镇等工作致使部分地区行政区划变化较大，因此按最新行政区划进行修正，同时注意名称、拼音、编码等的一致。

（3）土壤图及土壤养分图：采用第二次土壤普查成果图。

（4）地貌类型分区图：根据地貌类型将辖区内农田分区，采用第二次土壤普查分类系统绘制成图。

（5）土地利用现状图：现有的土地利用现状图。

（6）主要污染源点位图：调查本地可能对水体、大气、土壤形成污染的矿区、工厂等，并确定污染类型及污染强度，在地形图上准确标明位置及编号。

（7）土壤肥力监测点点位图：在地形图上标明准确位置及编号。

（8）土壤普查土壤采样点点位图：在地形图上标明准确位置及编号。

（二）数据资料收集与整理

（1）基本农田保护区一级、二级地块登记表，国土局基本农田划定资料。

（2）其他有关基本农田保护区划定统计资料，国土局基本农田划定资料。

（3）近几年粮食单产、总产、种植面积统计资料（以村为单位）。

（4）其他农村及农业生产基本情况资料。

（5）历年土壤肥力监测点田间记载及化验结果资料。

（6）历年肥情点资料。

（7）县、乡、村名编码表。

（8）近几年土壤、植株化验资料（土壤普查、肥力普查等）。

（9）近几年主要粮食作物、主要品种产量构成资料。

（10）各乡历年化肥销售、使用情况。

（11）土壤志、土种志。

（12）特色农产品分布、数量资料。

（13）当地农作物品种及特性资料，包括各个品种的全生育期、大田生产潜力、最佳播期、移栽期、播种量、栽插密度、百千克籽粒需氮量、需磷量、需钾量等，及品种特性介绍。

（14）一元、二元、三元肥料肥效试验资料，计算不同地区、不同土壤、不同作物品种的肥料效应函数。

（15）不同土壤、不同作物基础地力产量占常规产量比例资料。

（三）文本资料收集与整理

（1）全县及各乡（镇）基本情况描述。

（2）各土种性状描述，包括其发生、发育、分布、生产性能、障碍因素等。

（四）多媒体资料收集与整理

（1）土壤典型剖面照片。

（2）土壤肥力监测点景观照片。

（3）当地典型景观照片。

（4）特色农产品介绍（文字、图片）。

（5）地方介绍资料（图片、录像、文字、音乐）。

三、属性数据库建立

（一）属性数据内容

CLRMIS 主要属性资料及其来源见表 2-7。

表 2-7　CLRMIS 主要属性资料及其来源

编号	名　　称	来　源
1	湖泊、面状河流属性表	水务局
2	堤坝、渠道、线状河流属性数据	水务局
3	交通道路属性数据	交通局
4	行政界线属性数据	农业委员会
5	耕地及蔬菜地灌溉水、回水分析结果数据	农业委员会
6	土地利用现状属性数据	国土局、卫星图片解译
7	土壤、植株样品分析化验结果数据表	本次调查资料
8	土壤名称编码表	土壤普查资料
9	土种属性数据表	土壤普查资料
10	基本农田保护块属性数据表	国土局
11	基本农田保护区基本情况数据表	国土局
12	地貌、气候属性表	土壤普查资料
13	县乡村名编码表	统计局

（二）属性数据分类与编码

数据的分类编码是对数据资料进行有效管理的重要依据。编码的主要目的是节省计算机内存空间，便于用户理解使用。地理属性进入数据库之前进行编码是必要的，只有进行了正确的编码，空间数据库与属性数据库才能实现正确连接。编码格式有英文字母与数字组合。本系统主要采用数字表示的层次型分类编码体系，它能反映专题要素分类体系的基本特征。

（三）建立编码字典

数据字典是数据库应用设计的重要内容，是描述数据库中各类数据及其组合的数据集合，也称元数据。地理数据库的数据字典主要用于描述属性数据，它本身是一个特殊用途的文件，在数据库整个生命周期里都起着重要的作用。它避免重复数据项的出现，并提供了查询数据的唯一入口。

（四）数据库结构设计

属性数据库的建立与录入可独立于空间数据库和GIS系统，可以在Access、dBase、Foxbase和Foxpro下建立，最终统一以dBase的dbf格式保存入库。下面以dBase的dbf数据库为例进行描述。

1. 湖泊、面状河流属性数据库 lake. dbf

字段名	属 性	数据类型	宽 度	小数位	量 纲
lacode	水系代码	N	4	0	代 码
laname	水系名称	C	20		
lacontent	湖泊贮水量	N	8	0	万立方米
laflux	河流流量	N	6		立方米/秒

2. 堤坝、渠道、线状河流属性数据 stream. dbf

字段名	属 性	数据类型	宽 度	小数位	量 纲
ricode	水系代码	N	4	0	代 码
riname	水系名称	C	20		
riflux	河流、渠道流量	N	6		立方米/秒

3. 交通道路属性数据库 traffic. dbf

字段名	属 性	数据类型	宽 度	小数位	量 纲
rocode	道路编码	N	4	0	代 码
roname	道路名称	C	20		
rograde	道路等级	C	1		
rotype	道路类型	C	1	（黑色/水泥/石子/土）	

4. 行政界线（省、市、县、乡、村）属性数据库 boundary. dbf

字段名	属 性	数据类型	宽 度	小数位	量 纲
adcode	界线编码	N	1	0	代 码
adname	界线名称	C	4		

adcode	name
1	国界
2	省界
3	市界
4	县界
5	乡界
6	村界

5. 土地利用现状属性数据库* landuse. dbf

字段名	属 性	数据类型	宽 度	小数位	量 纲
lucode	利用方式编码	N	2	0	代 码

luname	利用方式名称	C	10		

* 土地利用现状分类表。

6. 土种属性数据表* soil. dbf

字段名	属　性	数据类型	宽　度	小数位	量　纲
sgcode	土种代码	N	4	0	代　码
stname	土类名称	C	10		
ssname	亚类名称	C	20		
skname	土属名称	C	20		
sgname	土种名称	C	20		
pamaterial	成土母质	C	50		
profile	剖面构型	C	50		
土种典型剖面有关属性数据：					
text	剖面照片文件名	C	40		
picture	图片文件名	C	50		
html	HTML 文件名	C	50		
video	录像文件名	C	40		

* 土壤系统分类表。

7. 土壤养分（pH、有机质、氮等）**属性数据库 nutr * * * *. dbf**

本部分由一系列的数据库组成，视实际情况不同有所差异，如在盐碱土地区还包括盐分含量及离子组成等。

（1）pH 库 nutrpH. dbf：

字段名	属　性	数据类型	宽　度	小数位	量　纲
code	分级编码	N	4	0	代　码
number	pH	N	4	1	

（2）有机质库 nutrom. dbf：

字段名	属　性	数据类型	宽　度	小数位	量　纲
code	分级编码	N	4	0	代　码
number	有机质含量	N	5	2	百分含量

（3）全氮量库 nutrN. dbf：

字段名	属　性	数据类型	宽　度	小数位	量　纲
code	分级编码	N	4	0	代　码
number	全氮含量	N	5	3	百分含量

（4）速效养分库 nutrP. dbf：

字段名	属　性	数据类型	宽　度	小数位	量　纲
code	分级编码	N	4	0	代　码
number	速效养分含量	N	5	3	毫克/千克

8. 基本农田保护块属性数据库 farmland. dbf

字段名	属　性	数据类型	宽　度	小数位	量　纲

plcode	保护块编码	N	7	0	代　码
plarea	保护块面积	N	4	0	亩
cuarea	其中耕地面积	N	6		
eastto	东　至	C	20		
westto	西　至	C	20		
sorthto	南　至	C	20		
northto	北　至	C	20		
plperson	保护责任人	C	6		
plgrad	保护级别	N	1		

9. 地貌、气候属性 landform. dbf

字段名	属　性	数据类型	宽　度	小数位	量　纲
landcode	地貌类型编码	N	2	0	代　码
landname	地貌类型名称	C	10		
rain	降水量	C	6		

* 地貌类型编码表。

10. 基本农田保护区基本情况数据表（略）

11. 县、乡、村名编码表

字段名	属　性	数据类型	宽　度	小数位	量　纲
vicodec	单位编码—县内	N	5	0	代　码
vicoden	单位编码—统一	N	11		
viname	单位名称	C	20		
vinamee	名称拼音	C	30		

（五）数据录入与审核

数据录入前仔细审核，数值型资料注意量纲、上下限，地名应注意汉字多音字、繁简体、简全称等问题，审核定稿后再录入。录入后仔细检查，保证数据录入无误后，将数据库转为规定的格式（dbase 的 dbf 文件格式文件），再根据数据字典中的文件名编码命名后保存在规定的子目录下。

文字资料以 TXT 格式命名保存，声音、音乐以 WAV 或 MID 文件保存，超文本以 HTML 格式保存，图片以 BMP 或 JPG 格式保存，视频以 AVI 或 MPG 格式保存，动画以 GIF 格式保存。这些文件分别保存在相应的子目录下，其相对路径和文件名录入相应的属性数据库中。

四、空间数据库建立

（一）数据采集的工艺流程

在耕地资源数据库建设中，数据采集的精度直接关系到现状数据库本身的精度和今后的应用，数据采集的工艺流程是关系到耕地资源信息管理系统数据库质量的重要基础工作。因此对数据的采集制定了一个详尽的工艺流程。首先对收集的资料进行分类检查、整理与预处理；其次，按照图件资料介质的类型进行扫描，并对扫描图件进行扫描校正；再次，进行数据的分层矢量化采集、矢量化数据的检查；最后，对矢量化数据进行坐标投影转换与数据拼接工作以及数据、图形的综合检查和数据的分层与格式转换。具体数据采集的工艺流程见图2-5。

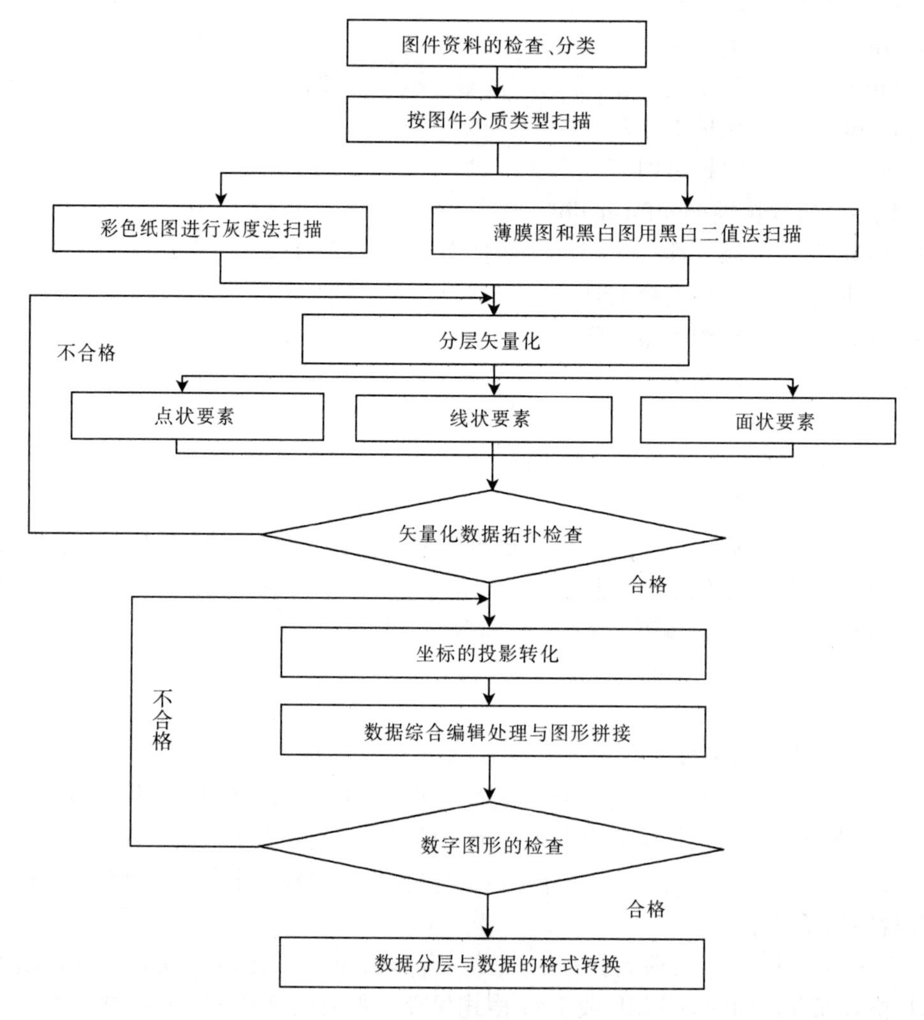

图2-5 数据采集的工艺流程

（二）图件数字化

1. 图件的扫描 由于所收集的图件资料为纸介质的图件资料，所以采用灰度法进行扫描。扫描的精度为300dpi。扫描完成后将文件保存为*.TIF格式。在扫描过程中，为了能够保证扫描图件的清晰度和精度，对图件先进行预见扫描。在预见扫描过程中，检查扫描图件的清晰度，其清晰度必须能够区分图内的各要素，然后利用Lontex Fss8300扫描仪自带的CAD image/scan扫描软件进行角度校正，角度校正后必须保证图幅下方两个内图廓点的连线与水平线的角度误差小于0.2°。

2. 数据采集与分层矢量化 对图形的数字化采用交互式矢量化方法，确保图形矢量化的精度。在耕地资源信息系统数据库建设中需要采集的要素有：点状要素、线状要素和面状要素。由于所采集的数据种类较多，所以必须对所采集的数据按不同类型进行分层采集。

（1）点状要素的采集：可以分为两种类型，一种是零星地类，另一种是注记点。零星地类包括一些有点位的点状零星地类的无点位的零星地类。对于有点位的零星地类，在数据的分层矢量化采集时，将点标记置于点状要素的几何中心点，对于无点位的零星地类在分层矢量化采集时，将点标记置于原始图件的定位点。农化点位等注记点的采集按照原始图件资料中的注记点，在矢量化过程中一一标注相应的位置。

（2）线状要素的采集：在耕地资源图件资料上的线状要素主要有水系、道路、带有宽度的线状地物界、地类界、行政界线、权属界线、土种界、等高线等，对于不同类型的线状要素，进行分层采集。线状地物主要是指道路、水系、沟渠等，线状地物数据采集时考虑到有些线状地物，由于其宽度较宽，如一些较大的河流、沟渠，它们在地图上可以按照图件资料的宽度比例表示为一定的宽度，则按其实际宽度的比例在图上表示；有些线状地物，如一些道路和水系，由于其宽度不能在图上表示，在采集其数据时，则按栅格图上的线状地物的中轴线来确定其在图上的实际位置。对地类界、行政界、土种界和等高线数据的采集，保证其封闭性和连续性。线状要素按照其种类不同分层采集、分层保存，以备数据分析时进行利用。

（3）面状要素的采集：面状要素要在线状要素采集后，通过建立拓扑关系形成区后进行，由于面状要素是由行政界线、权属界线、地类界线和一些带有宽度的线状地物界等结状要素所形成的一系列的闭合性区域，其主要包括行政区、权属区、土壤类型区等图斑。所以对于不同的面状要素，应采用不同的图层对其进行数据的采集。考虑到实际情况，将面状要素分为行政区层、地类层、土壤层等图斑层。将分层采集的数据分层保存。

（三）矢量化数据的拓扑检查

由于在矢量化过程中不可避免地要存在一些问题，因此，在完成图形数据的分层矢量化以后，要进行下一步工作时，必须对分层矢量化以后的数据进行矢量化数据的拓扑检查。在对矢量化数据的拓扑检查中主要是完成以下几方面的工作：

1. 消除在矢量化过程中存在的一些悬挂线段　在线状要素的采集过程中，为了保证线段完全闭合，某些线段可能出现相互交叉的情况，这些均属于悬挂线段。在进行悬挂线段的检查时，首先使用 MapGIS 的线文件拓扑检查功能，自动对其检查和清除，如果其不能够自动清除的，则对照原始图件资料进行手工修正。对线状要素进行矢量化数据检查完成以后，随即由作图员对所矢量化的数据与原始图件资料相对比进行检查，如果在检查过程中发现有一些通过拓扑检查所不能够解决的问题，矢量化数据的精度不符合精度要求的，或者是某些线状要素存在着一定的位移而难以校正的，则对其中的线状要素进行重新矢量化。

2. 检查图斑和行政区等面状要素的闭合性　图斑和行政区是反映一个地区耕地资源状况的重要属性，在对图件资料中的面状要素进行数据的分层矢量化采集中，由于图件资料中所涉及的图斑较多，在数据的矢量化采集过程中，有可能存在着一些图斑或行政界的不闭合情况，可以利用 MapGIS 的区文件拓扑检查功能，对在面状要素分层矢量化采集过程中所保存的一系列区文件进行矢量化数据的拓扑检查。在拓扑检查过程中可以消除大多数区文件的不闭合情况。对于不能够自动消除的，通过与原始图件资料的相互检查，消除其不闭合情况。如果通过对矢量化以后的区文件的拓扑检查，可以消除在适量化过程中所出现的上述问题，则进行下一步工作，如果在拓扑检查以后还存在一些问题，则对其进行重新矢量化，以确保系统建设的精度。

（四）坐标的投影转换与图件拼接

1. 坐标转换 在进行图件的分层矢量化采集过程中，所建立的图面坐标系（单位为毫米），而在实际应用中，则要求建立平面直角坐标系（单位为米）。因此，必须利用MapGIS所提供的坐标转换功能，将图面坐标转换成为正投影的大地直角坐标系。在坐标转换过程中，为了能够保证数据的精度，可根据提供数据源的图件精度的不同，在坐标转换过程中，采用不同的质量控制方法进行坐标转换工作。

2. 投影转换 县级土地利用现状数据库的数据投影方式采用高斯投影，也就是将进行坐标转换以后的图形资料，按照大地坐标系的经纬度坐标进行转换，以便以后进行图件拼接。在进行投影转换时，对1∶10 000土地利用图件资料，投影的分带宽度为3°。但是根据地形的复杂程度，行政区的跨度和图幅的具体情况，对于部分图形采用非标准的3°分带高斯投影。

3. 图件拼接 灵丘县提供的1∶10 000土地利用现状图是采用标准分幅图，在系统建设过程中应图幅进行拼接。在图斑拼接检查过程中，相邻图幅间的同名要素误差应小于1毫米，这时移动其任何一个要素进行拼接，同名要素间距在1～3毫米的处理方法是将两个要素各自移动一半，在中间部分结合，这样图幅拼接完全满足了精度要求。

五、空间数据库与属性数据库的连接

MapGIS系统采用不同的数据模型分别对属性数据和空间数据进行存储管理，属性数据采用关系模型，空间数据采用网状模型，两种数据的连接非常重要。在一个图幅工作单元Coverage中，每个图形单元由一个标识码来唯一确定。同时一个Coverage中可以若干个关系数据库文件即要素属性表，用以完成对Coverage的地理要素的属性描述。图形单元标识码是要素属性表中的一个关键字段，空间数据与属性数据以此字段形成关联，完成对地图的模拟。这种关联是MapGIS的两种模型联成一体，可以方便地从空间数据检索属性数据或者从属性数据检索空间数据。

对属性与空间数据的连接采用的方法是：在图件矢量化过程中，标记多边形标识点，建立多边形编码表，并运用MapGIS将用Foxpro建立的属性数据库自动连接到图形单元中，这种方法可由多人同时进行工作，速度较快。

第三章　耕地土壤属性

第一节　耕地土壤类型

一、土壤分布规律概述

灵丘县土壤的形成受垂直生物气候条件的影响，也受纬度生物气候条件的影响；其次还受地貌和水文地质条件的影响，同时还受长期的人为耕作影响。由于受多种因素的影响，灵丘县土壤类型较为复杂。全县按土壤形成类型分为地带型土壤、垂直性土壤、隐域性土壤三大类型。

（一）地带性土壤的分布

灵丘县南山温暖多雨，年降水量 530～580 毫米，年平均气温 9℃左右，化学分解强烈，矿物质养分丰富，土体中均有黏粒移动现象，但受降雨季节与强度影响，通常淋溶不够深，剖面中常有一层棕褐色重壤质的黏化层。在平川、北山区年平均气温 7℃左右，降水量仅 450～530 毫米，较干旱，淋溶作用较弱，黏化层色淡而薄，黏化程度又弱。根据上述情况，灵丘县川谷阶地上分布有褐土性土，在较下部逐渐向草甸化过渡的山间洼地上分布有潮褐土，在坡陡岗地上广泛分布着石灰性褐土。

（二）垂直土壤的分布

在同一纬度，不同的海拔高度，由于受地形及生物气候的影响，而生成了不同的土壤类型。

甸子山顶部 2 000 米以上，山顶平台和缓坡地区，地势高，气候寒冷，风力强大，以莎草科、蔷薇科、豆科等草甸植被为主，分布为山地草原草甸土。在太白山海拔为 1 800 米以上，植被为苔草、莎草等组成的草皮层，也分布为山地草原草甸土。海拔为 1 300～1 800米，次生林生长良好，土体淋溶充分，而分布为淋溶褐土。海拔为 800～1 300 米的草灌良好，土层薄，砾石多，分布为全石灰反应的粗骨土。

（三）隐域性土壤的分布

在唐河流域及南山上寨河、三楼河两岸的一级阶地上，由于受地下水升降的影响，底土产生锈纹锈斑，地表生长有草甸植被，形成潮土。其母质多为冲积性物质，质地沙黏相间，部分地区由于灌溉不合理，地形不平整，耕作粗放等原因，而产生次生盐化，形成盐化潮土，使作物受到抑制，影响农业生产。

二、土壤分类的依据及命名原则

（一）土壤分类的原则依据

土壤分类是按全国第二次土壤普查规程和 1983 年山西省第二次土壤普查的土壤分类

系统进行分类的，采用土类、亚类、土属、土种 4 级分类制。结合实际情况制定了各分类的原则依据，分述如下：

1. 土类 土类是土壤分类的基本单元，它是在一定的综合自然条件和人为作用下，具有一个主导的或一个以上联合性的成土过程，是根据成土条件，成土过程及由此产生的特定的土壤属性，发生层次，发展方向划分的。

2. 亚类 亚类是土类范围内的进一步划分，是在主导的成土过程和综合的自然条件下，土壤产生了附加的成土过程和不同发育阶段而划分的。亚类之间剖面形态互有差异，同一亚类的生物气候特点、水热条件、剖面结构、土壤属性更趋向一致，与因地制宜确定改良利用途径有密切的关系。

3. 土属 土属在土壤分类上具有承上启下的特点，也是土种共性的归纳，是反映成土过程中的地方性、区域性特征的。同一土属的物质组成、水分状况、剖面发生层次大体相同，改良利用的方向性措施是一致的。主要根据成土母质类型、水文状况、土壤侵蚀与堆积所引起的变化，或次要成土过程划分的。

4. 土种 土种是基层分类单元，主要反映土壤发育的程度，它是在相同母质的基础上，在区域性和地方性因素的影响下，土壤具有相类似的发育程度和剖面层次排列，即层次排列、厚度、质地、结构、pH 等性状基本相似，不同土种间表现量的差异，同一土种具有一致的改良利用措施。土种非一般耕作措施在短期内所能改变，具有一定的稳定性。

（二）划分土种的主要依据

1. 土壤质地 同一土属内，土种的划分依据主要是质地，土种以沙、壤、黏划分为松沙土、紧沙土、沙壤土、轻壤土、重壤土、轻黏土、中黏土、重黏土 9 级。

2. 全剖面均为相同质地或相差一级，按表层质地作为均质处理。

3. 土体构型 土体构型划分土种，以表层质地为主，将其土体同层质地相差最大的，对土壤起主要作用的层次作为间层，根据间层的厚度和出现的部位进行排列组合划分土种。

土体质地构型有：通体壤、黏夹沙、底沙、壤夹黏、壤夹沙、沙夹黏、通体黏、夹砾、底砾、少砾、多砾、少姜、浅姜、多姜、通体沙、浅钙积、夹白干、底白干等 42 种。

4. 耕地土壤含砾石，按多、中、少砾石划分，山地土壤砾石达到 30%为粗骨性土壤。

5. 盐化土壤 盐化土壤在土属范围内根据盐分类型和盐化程度对作物生长的影响和耕层盐量，并结合质地和土体构型进行划分。

（三）土壤的命名及有关说明

土类、亚类是反映地带性分布的特点，命名采用发生学名称。

土属命名均采用连续命名法，自然土壤是以亚类作名词，前面冠以划分土属依据的母质类型作为形容词，排列组合进行命名。

土种的命名均为连续命名法，自然土壤土种的命名是根据土壤发育程度以土属名称衍生土种名称。耕地土壤的命名是根据划分土种依据的土壤质地、土体构型、障碍层次、排列组合进行。

盐化土壤的命名是在土属名称的基础上，加以划分土种依据的盐化程度、盐化原因等命名的。

这次普查工作对边山峪口埋藏或裸露出的古土壤（埋藏黑垆土）。因零星分散，面积又不大，土层厚度大部分不够50厘米，所以未作为新土属处理，仍归黄土质土属。

对丘陵切沟边沿，因冲刷有红土裸露之处，如灵丘、广灵两县交界之处的石家田乡义泉岭大队就有保德红土，但大都在黄土覆盖下的沟壑底部，未曾露头和耕作，况且面积更小而零散，埋藏较深，故未另列土类和母质之分。

三、灵丘县土壤分类系统

按照全国第二次土壤普查技术规程和1983年山西省第二次土壤普查土壤分类系统，根据土壤分类原则依据和土壤分布规律等特点，灵丘县土壤分类系统采用四级分类制，即土类、亚类、土属、土种。灵丘县土壤共分为4大土类，9个亚类，20个土属，43个土种。具体分布见表3-1。

表3-1　灵丘县土壤分布状况

土类	面积（亩）	耕地面积（亩）	亚类面积	面积（亩）	耕地面积（亩）	分　　布
山地草甸土	19 500	412.63	山地草原草甸土	19 500	412.63	分布于柳科乡凤凰山、东河南镇干河沟村、武灵镇太白山
褐土	3 964 125	489 672.39	淋溶褐土	270 185	9 566.58	主要分布于南部石质山1 300～1 800米，北部土石山区1 600～2 000米的山地上，自然植被覆盖较好，上接山地草甸土，下限常与褐土性土呈复域状存在。多为丘陵地带林地
			褐土性土	339 7690	357 817.5	淡褐土性土是褐土附加了一个侵蚀的成土过程，主要分布于丘陵地带，全县各乡（镇）均有分布
			石灰性褐土	283 500	117 897.1	淡褐土分布于唐河、赵北河、华山河、大东河以及上河的二级、三级阶地上
			潮褐土	12 750	4 391.21	潮褐土是褐土与潮土之间的过渡土壤类型。主要分布于石家田乡，柳科乡，赵北乡的河谷阶地上
粗骨土	12 000	468.01	中性粗骨土	12 000	468.01	零星分布于红石塄乡，上寨镇，白崖台乡3个乡（镇）。位于坡度较陡，土壤侵蚀较重，水分状况较次的地方，一般阳坡处分布较多
潮土	102 375	21 447.27	潮土	83 625	16 476.51	分布于唐河两岸以及南山河谷阶地上，是受生物气候影响较小的一种隐域性土壤
			盐化潮土	15 750	3 349.98	分布于落水河乡，武灵镇，东河南镇的唐河两岸
			湿潮土	3 000	1 620.78	分布于落水河乡、武灵镇2个乡（镇）的唐河一级阶地河漫滩上

注：1. 表中分类是按1983年分类系统分类。

2. 土壤类型特征及主要生产性能中的分类是按照1983年标准分类。

3. 本部分除注明数据为此次调查测定外，其余数据文字内容均为第二次土壤普查的资料数据，耕地面积为2008—2010年灵丘县测土配方施肥土样分析结果统计数据。

4. 此表中的土壤剖面等资料均来自1993年出版的《灵丘土壤》。

四、土壤类型特征及主要生产性能

灵丘县地处褐土向栗钙土过渡的交接地带。褐土广泛分布于唐河二级阶地，黄土丘陵区和土石山区。其形成主要受温带半干旱气候特征的影响，而发育于各母质上。由于灵丘县气候温和，昼夜温差大，年降水量450～580毫米，而年蒸发量高达1 800毫米，年平均气温7℃左右。所以，化学风化强烈，矿物养分较丰富，土壤中黏粒下移不太明显，但也有移动现象存在；再则由于雨量多集中在夏秋两季，淋溶作用在此阶段发生，其他季节蒸发量大，淋溶弱，出现有钙的移动和淀积现象，即形成了具有褐土特征的过渡类型的褐土。其主要成土过程有：

1. 钙积过程 这类土壤主要发育在山地的花片岩、砂页岩、石灰岩和广大丘陵区的黄土及唐河二级阶地黄土状物质上。由于这些土壤富含碳酸钙，故在成土过程中发生程度不同的淋溶与淀积，地区性差异较为明显。这种现象除和气候特征一致外，还受地形、植被及人为耕作的影响。本县碳酸钙含量较丰富，平均为5.18%，山地土壤含量不足1%，农业土壤含量在6%左右。

2. 黏化过程 强烈风化作用促使次生硅酸盐不断形成，加之淋溶出现了黏粒的下移，但由于雨量少，淋溶作用弱，黏化层次故保留不太明显，心土层比表土层黏粒含量平均高16.9%。山地自然土壤黏粒含量心土层比表土层高30.4%，农业土壤黏粒含量心土层高8.9%。

3. 耕作熟化特点 褐土经长期垦殖，土壤熟化程度不断提高，耕层不断加厚，厚15～25厘米，有机质含量在1%左右，含钾较为丰富。

从垂直分布高度来讲，褐土在不同的海拔高度下，由于受地形、气候和植被条件的影响，形成了不同垂直高度的地带土壤。南山和北山海拔1 600米以上的山地，由于部分地区林木生长繁茂，有一定厚度的枯枝落叶层，使土体经常保持湿润，在淋溶作用下，钙向下移动，致使土体上部呈微酸性，没有石灰反应，发育成淋溶褐土；其下则为草灌植被，呈中性或微碱性的山地褐土，土体内有不同程度的石灰反应。随海拔高度的下降，分别发育有褐土性土、石灰性褐土、潮褐土。现用物理性黏粒和碳酸钙在褐土亚类中的垂直分布示意图加以说明。

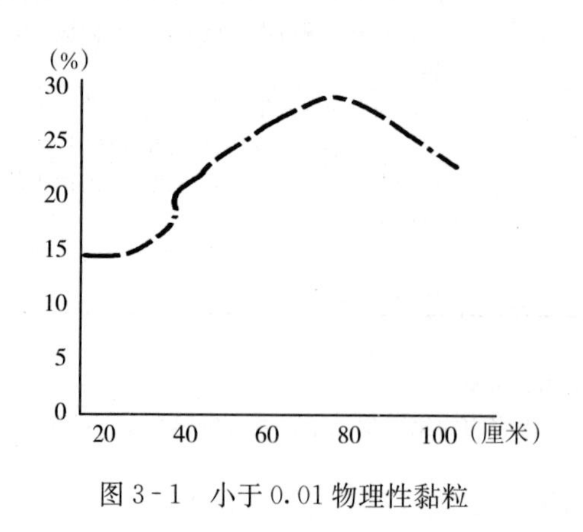

图3-1　小于0.01物理性黏粒

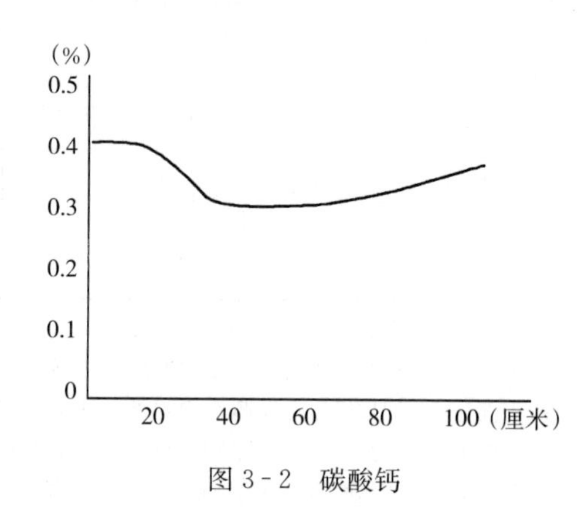

图3-2　碳酸钙

淋溶褐土中的物理性黏粒和碳酸钙的垂直分布（图 3-1）。剖面地点上寨镇道八村的山顶平台处，土种名称是麻沙质淋溶褐土。

图 3-1 明显表示出碳酸钙含量极少，无碳酸钙淀积的形态，充分说明除受母岩影响外，主要是淋溶作用较强烈，因而黏化层较明显，厚度为 30～60 厘米，黏化层颜色深褐色，质地较细，结构稍紧，块状结构。

褐土性土中的碳酸钙和物理性黏粒的垂直分布（图 3-2）。采样地点柳科乡白北堡村山上，土种名称是灰泥立黄土。

第二节　有机质、大量元素

土壤大量元素背景值的表达方式以各统计单元养分汇总结果的算术平均值和标准差来表示，分别以单体 N、P、K 表示。表示单位：有机质、全氮用克/千克表示，有效磷、速效钾、缓效钾用毫克/千克表示。

土壤有机质、全氮、有效磷、速效钾等含量以《山西省耕地土壤养分含量分级参数表》为标准各分 6 个级别，见表 3-2。

表 3-2　山西省耕地地力土壤养分耕地标准

级别	Ⅰ	Ⅱ	Ⅲ	Ⅳ	Ⅴ	Ⅵ
有机质（克/千克）	>25.00	20.01～25.00	15.01～20.00	10.01～15.00	5.01～10.00	≤5.00
全氮（克/千克）	>1.50	1.201～1.50	1.001～1.200	0.701～1.000	0.501～0.700	≤0.50
有效磷（毫克/千克）	>25.00	20.01～25.00	15.1～20.0	10.1～15.0	5.1～10.0	≤5.0
速效钾（毫克/千克）	>250	201～250	151～200	101～150	51～100	≤50
缓效钾（毫克/千克）	>1 200	901～1200	601～900	351～600	151～350	≤150
阳离子交换量（厘摩尔/千克）	>20.00	15.01～20.00	12.01～15.00	10.01～12.00	8.01～10.00	≤8.00
有效铜（毫克/千克）	>2.00	1.51～2.00	1.01～1.51	0.51～1.00	0.21～0.50	≤0.20
有效锰（毫克/千克）	>30.00	20.01～30.00	15.01～20.00	5.01～15.00	1.01～5.00	≤1.00
有效锌（毫克/千克）	>3.00	1.51～3.00	1.01～1.50	0.51～1.00	0.31～0.50	≤0.30
有效铁（毫克/千克）	>20.00	15.01～20.00	10.01～15.00	5.01～10.00	2.51～5.00	≤2.50
有效硼（毫克/千克）	>2.00	1.51～2.00	1.01～1.50	0.51～1.00	0.21～0.50	≤0.20
有效钼（毫克/千克）	>0.30	0.26～0.30	0.21～0.25	0.16～0.20	0.11～0.15	≤0.10
有效硫（毫克/千克）	>200.0	100.1～200	50.1～100.0	25.1～50.0	12.1～25.0	≤12.0
有效硅（毫克/千克）	>250.0	200.1～250.0	150.1～200.0	100.1～150.0	50.1～100.0	≤50.0
交换性钙（克/千克）	>15.00	10.01～15.00	5.01～10.0	1.01～5.00	0.51～1.00	≤0.50
交换性镁（克/千克）	>1.00	0.76～1.00	0.51～0.75	0.31～0.50	0.06～0.30	≤0.05

一、含量与分布

灵丘县采集化验 5 600 个大田样点，土壤测试结果汇总如下：pH 8.219，阳离子交换量 8.936 厘摩尔/千克，水溶性盐分总量 0.445 克/千克 ，有机质 12.013 克/千克，全氮 0.742 克/千克，碱解氮 66.380 1 毫克/千克，全磷 0.642 克/千克，有效磷 6.719 毫克/千

表 3-3 灵丘县大田土壤大量元素分类统计结果

类别		有机质（克/千克）		全氮（克/千克）		有效磷（毫克/千克）		速效钾（毫克/千克）		缓效钾（毫克/千克）	
		平均值	区域值	平均值	区域值	平均值	区域值	平均值	区域值	平均值	区域值
行政区域	白崖台乡	13.88	1.8～30.9	0.88	0.255～2.938	9.15	1.3～110	148.41	29～555	760.73	247～1 686
	东河南镇	10.55	3.4～34.1	0.69	0.24～1.77	6.09	2.7～41.1	91.36	3～238	650.61	220～1 107
	独峪乡	15.40	2.4～37.9	0.95	0.235～2.325	9.95	1.1～82.6	136.82	41～459	796.76	306～1 559
	红石塄乡	19.80	3.4～47.7	1.04	0.255～2.813	8.50	1.9～90.4	179.87	50～788	712.26	261～1 650
	柳科乡	12.14	2.9～52.3	0.75	0.284～2.027	7.32	0.7～71.9	124.61	14～629	639.58	261～1 507
	落水河乡	9.33	3.1～32.5	0.65	0.186～1.821	5.59	2.9～33.8	86.94	42～694	687.52	273～1 230
	上寨镇	13.06	4.2～39.6	0.81	0.285～1.727	7.63	1.1～74	131.70	35～749	671.54	277～1 164
	石家田乡	10.22	2.1～46.6	0.65	0.224～2	5.57	0.7～32.9	104.64	20～376	580.37	290～1 586
	史庄乡	10.45	3.3～26.6	0.63	0.226～2.104	6.33	1.1～50.6	95.09	26～683	620.30	243～1 560
	武灵镇	10.63	2.9～31.6	0.68	0.235～1.718	6.24	0.6～56	82.77	4～745	631.28	23～1 403
	下关乡	19.83	7.8～45.4	1.09	0.311～2.319	12.26	1.1～61.1	171.96	32～805	781.39	325～1 510
	赵北乡	12.78	2.9～63.7	0.71	0.232～2.088	8.01	0.4～83.7	110.75	10～456	620.68	256～1 204
	原银厂乡	16.47	6.6～28.3	1.00	0.45～2.13	4.91	0.8～29.4	80.74	29～254	1 112.85	504～1 853
	原招柏乡	17.44	4.5～27.7	1.05	0.54～2.28	3.77	0.6～15.5	90.38	25～240	964.37	564～1 972
	原狼牙沟乡	21.85	9.3～31.5	1.37	0.536～2.295	3.76	0.8～18.6	123.23	23～241	1 463.38	603～1 972
土壤类型	山地草原草甸土	17.06	9.63～26	0.96	0.733～1.16	5.24	3.4～7.74	119.75	77.14～217.34	649.96	566.8～760.44
	粗骨土	14.87	9.9～21.6	0.90	0.68～1.18	9.41	1.5～25.4	193.67	95～352	848.73	499～1 416
	淋溶褐土	18.08	7.98～31.28	1.02	0.6～1.6	6.20	2.076～16.09	131.31	77.14～220.6	642.02	434～880.02
	褐土性土	12.29	1.8～63.7	0.76	0.186～2.94	6.86	0.4～110	112.11	14～788	678.76	234～1 972
	石灰性褐土	10.78	3.1～45.4	0.68	0.208～2.325	6.18	0.6～78.1	90.32	4～749	643.95	220～1 403
	潮褐土	13.60	2.9～38	0.73	0.278～1.55	9.67	1.3～59.6	115.69	10～456	671.05	323～1 118
	潮土	16.52	6.6～28.3	1.01	0.448～2.133	4.81	0.8～29.4	81.84	29～254	1112.54	504～1 853
	盐化潮土	15.13	4.9～37.9	0.83	0.378～1.768	7.99	2.4～32.3	120.92	48～289	715.48	351～1 036

（续）

类别		有机质（克/千克）		全氮（克/千克）		有效磷（毫克/千克）		速效钾（毫克/千克）		缓效钾（毫克/千克）	
		平均值	区域值	平均值	区域值	平均值	区域值	平均值	区域值	平均值	区域值
地形部位	DXBW081 中低山顶部	14.82	9.63～26	0.91	0.733～1.16	4.95	3.4～7.74	95.35	77.14～143.47	622.35	566.8～660.79
	DXBW082 中低山上、中部坡腰	16.50	6.99～36.56	0.96	0.48～2.019	8.20	2.076～24.06	132.42	57.534～250	758.73	434～1 220.93
	DXBW022 沟谷地	12.10	6.33～21.33	0.74	0.497～1.24	6.17	2.341～15.76	107.04	60.8～186.937	672.40	434～1 160.09
	DXBW027 河流冲积平原的河漫滩	12.59	7.98～22.32	0.80	0.584～1.859	7.28	3.666～15.76	113.90	60.8～196.74	707.69	517～1 120.23
	DXBW030 河流一级、二级阶地	10.80	6.66～21.66	0.69	0.497～0.991	6.04	2.871～13.4	90.39	60.801～183.67	663.25	450～940.86
	DXBW041 近代河床低阶地	14.54	6.99～26.33	0.87	0.431～1.4	8.39	2.606～21.09	126.33	70.602～243.471	734.41	483.8～1 140.16
	DXBW047 山地、丘陵（中、下）部的缓坡地段	13.54	6～35.24	0.80	0.431～2.477	7.31	1.811～23.73	120.79	57.534～246.738	675.29	367～119.95
	DXBW070 山前洪积平原	11.96	6.66～34.25	0.73	0.464～1.68	8.11	0.007 98～447	101.84	64.07～214.068	637.22	0.007 98～3 756.6
	DXBW021 沟谷、梁、峁、坡	11.29	5.67～30.62	0.71	0.431～1.819	6.51	1.811～21.09	105.07	54.267～250	654.80	384.2～1 199.95
土壤母质	CTMZ100 残积物	9.48	6.66～26	0.66	0.55～1.16	5.19	3.4～7.74	77.39	60.8～143.47	620.34	566.8～660.79
	CTMZ200 坡积物	15.48	6.99～36.56	0.90	0.48～2.02	7.87	2.08～24.06	128.65	57.53～250	733.27	367.6～1 220.93
	CTMZ300 洪积物	11.10	6.66～21.66	0.70	0.497～1.133	5.95	2.87～13.4	91.33	60.8～186.94	662.83	434～980.72
	CTMZ310 砾质洪积物	11.11	8.31～21.66	0.72	0.55～1.32	6.09	4.196～17.08	94.68	64.07～146.74	665.53	533.6～800.3
	CTMZ320 土质洪积物	10.81	5.34～21.33	0.69	0.497～1.24	6.57	2.34～23.07	101.32	60.8～167.335	660.20	450.6～1 160.09
	CTMZ420 壤质黄土母质	11.29	5.67～30.62	0.71	0.431～1.819	6.51	1.8～21.09	105.07	54.27～250	654.80	384.2～1 199.95
	CTMZ400 黄土母质	13.79	6～35.24	0.81	0.431～2.477	7.41	1.8～23.73	121.49	57.53～246.74	678.61	434～1 120.23
	CTMZ600 冲积物	12.78	6.99～26.33	0.79	0.43～1.859	7.34	2.606～21.09	111.11	60.8～243.47	701.20	450.6～1 140.16
	CTMZ330 黄土状母质	11.96	6.66～34.25	0.73	0.464～1.68	6.63	2.87～14.72	101.84	64.068～240.68	645.44	434～1 020.58

注：2008—2010 年测土配方施肥土样分析结果统计。

克，全钾 19.615 克/千克，缓效钾 680.596 毫克/千克，速效钾 104.920 毫克/千克，中微量元素：有效铁 6.783 毫克/千克，有效锰 8.637 毫克/千克，有效铜 1.084 毫克/千克，有效锌 1.427 毫克/千克，水溶态硼 0.379 毫克/千克，有效钼 0.068 毫克/千克，有效硫 27.997 毫克/千克。

灵丘县大田土壤大量元素分类统计结果见表 3-3。

（一）有机质

灵丘县耕地土壤有机质量变化为 1.8～63.7 克/千克，平均值为 12.013 克/千克，属四级水平。

（1）不同行政区域：原狼牙沟乡平均值最高，为 21.85 克/千克；落水河乡最低，为 9.33 克/千克。

（2）不同地形部位：中低山上、中部坡腰平均值最高，为 16.50 克/千克；河流一级、二级阶地平均值最低，为 10.80 克/千克。

（3）不同母质：坡积物平均值最高，为 15.48 克/千克；残积物平均值最低，为 9.48 克/千克。

（4）不同土壤类型：淋溶褐土平均值最高，为 18.08 克/千克；其次为山地草原草甸土，为 17.06 克/千克；石灰性褐土平均值最低，为 10.78 克/千克。

（二）全氮

灵丘县土壤全氮含量变化范围为 0.186～2.938 克/千克，平均值为 0.742 克/千克。属四级水平。

（1）不同行政区域：原狼牙沟乡平均值最高，为 1.368 克/千克；史庄乡最低，为 0.6317 克/千克。

（2）不同地形部位：中低山上、中部坡腰平均值最高，为 0.96 克/千克；河流一级、二级阶段平均值最低，为 0.69 克/千克。

（3）不同母质：坡积物平均值最高，为 0.90 克/千克；残积物平均值最低，为 0.66 克/千克。

（4）不同土壤类型：淋溶褐土平均值最高，为 1.02 克/千克；石灰性褐土平均值最低，为 0.68 克/千克。

（三）有效磷

灵丘县有效磷含量变化范围为 0.4～110 毫克/千克，平均值为 6.719 毫克/千克，属五级水平。

（1）不同行政区域：下关乡平均值最高，为 12.26 毫克/千克；原狼牙沟乡平均值最低，为 3.76 毫克/千克。

（2）不同地形部位：近代河床低阶地平均值最高，为 8.39 毫克/千克；中低山顶部平均值最低，为 4.95 毫克/千克。

（3）不同母质：坡积物平均值最高，为 7.87 毫克/千克；残积物平均值最低，为 5.19 毫克/千克。

（4）不同土壤类型：潮褐土平均值最高，为 9.67 毫克/千克；潮土平均值最低，为 4.81 毫克/千克。

（四）速效钾

灵丘县耕地土壤速效钾含量变化范围为3～805毫克/千克，平均值104.92毫克/千克。属四级水平。

（1）不同行政区域：红石塄乡平均值最高，为179.87毫克/千克；原银厂乡平均值最低，为80.74毫克/千克。

（2）不同地形部位：中低山上、中部坡腰平均值最高，为132.42毫克/千克；河流一级、二级阶地平均值最低，为90.39毫克/千克。

（3）不同母质：坡积物平均值最高，为128.65毫克/千克；残积物平均值最低，为77.39毫克/千克。

（4）不同土壤类型：粗骨土平均值最高，为193.67毫克/千克；潮土平均值最低，为81.84毫克/千克。

（五）缓效钾

灵丘县耕地土壤缓效钾变化范围为23～1 972毫克/千克，平均值为680.596毫克/千克。属三级水平。

（1）不同行政区域：原狼牙沟乡平均值最高，为1 463.38毫克/千克；石家田乡平均值最低，为580.37毫克/千克。

（2）不同地形部位：中低山上、中部坡腰平均值最高，为758.73毫克/千克；中低山顶部平均值最低，为622.35毫克/千克。

（3）不同母质：坡积物平均值最高，为733.27毫克/千克；残积物平均值最低，为620.34毫克/千克。

（4）不同土壤类型：潮土平均值最高，为1 112.54毫克/千克；淋溶褐土平均值最低，为642.02毫克/千克。

二、分级论述

（一）有机质

Ⅰ级　有机质含量为25.0克/千克以上，面积为8 680.13亩，占总耕地面积的1.69%。主要分布于红石塄乡的沙湖门、边台、上车河、下车河、沙湖门，下关乡的龙堂会、六沙台，赵北乡的岭底、白台，柳科乡南坑、刁泉等村，其他有零星分布。距村较近，畜牧业发展良好的村庄。主要种植蔬菜、玉米，马铃薯、莜麦、豆类等作物。

Ⅱ级　有机质含量为20.01～25.0克/千克，面积为14 290.58亩，占总耕地面积的2.79%。主要分布在赵北乡的岭底、窑坑、东沟、白台、南坑、寺沟，红石塄乡的下车河、上车河、沙湖门，东河南镇的干河沟、东岗，下关乡的六沙台、铁角沟、梨园，独峪乡的三楼，上寨镇的庄旺沟，白崖台乡的张庄。主要种植马铃薯、豆类、莜麦、及玉米等作物。

Ⅲ级　有机质含量为15.01～20.00克/千克，面积为59 683.30亩，占总耕地面积的11.66%。主要分布在白崖台乡的烟云崖，独峪乡的杜家河，下关乡的中庄村白水岭，东河南镇的水泉、蒜峪门，石家田乡的鹿沟，柳科乡的枪头岭等地。主要种植马铃薯、豆类、莜麦、胡麻及玉米等作物。

Ⅳ级　有机质含量为10.01～15.00克/千克，面积为252 996.70亩，占总耕地面积的49.41%。全县各个乡（镇）广泛分布。

Ⅴ级　有机质含量为5.01～10.1克/千克，面积为176 368.28亩，占总耕地面积的34.45%。全县各乡（镇）广泛分布。

Ⅵ级　有机质含量≤5克/千克，全县无分布。

（二）全氮

Ⅰ级　全氮量大于1.50克/千克，面积为1 921.32亩，占总耕地面积的0.38 %。分布于白崖台乡的长沟、王巨村、李台，独峪乡的鹅毛、东庄、曲回寺，红石塄乡的下车河、上车河，柳科乡的南坑、刁泉，下关乡的铜碌崖、木佛台、南铺、六沙台、谢子坪。主要种植莜麦、马铃薯等作物。

Ⅱ级　全氮含量为1.20～1.50克/千克，面积为10 556.33亩，占总耕地面积的2.06%。主要分布于赵北乡的寺峪，下关乡的岗河村、老湾沟、六沙台、龙堂会、南铺、女儿沟、铁角沟、铁脚台、西湾、下关、谢子坪，武灵镇的张旺沟，上寨镇的焦沟，柳科乡的刁泉的南坑小彦，红石塄乡白沟、沟掌、龙峪池、沙湖门、上车河、下车河，独峪乡的东庄、鹅毛、花塔、曲回寺、三楼、西庄、振华峪，白崖台乡的斗方石、李台、王巨、张庄、长沟，下关乡的岸底、白水岭，赵北乡的白草湾、岭底。主要种植莜麦、马铃薯、豆类、胡麻、蔬菜等作物。

Ⅲ级　全氮含量为1.00～1.20克/千克，面积为29 489.90亩，占总耕地面积的5.76%。广泛分布于白崖台乡的斗方石、古路河、来湾、李台、冉庄、张庄，东河南镇的东岗、干河沟、银厂，独峪乡的北沟、东庄、杜家河、河浙、南沟、站上、振华峪，红石塄乡白沟、边台、沟掌、沙湖门、下沿河，柳科乡的刁泉、枪头岭，落水河乡的天降沟，上寨镇黄土、焦沟、梦阳、庄子沟，下关大多数村，武灵镇、石家田、史庄等乡（镇）的部分村庄。主要种植莜麦、马铃薯、豆类、胡麻、蔬菜、玉米等作物。

Ⅳ级　全氮含量为0.70～1.00克/千克，面积为220 935.73亩，占总耕地面积的43.15 %。全县18个乡（镇）广泛分布。

Ⅴ级　全氮含量为0.50～0.70克/千克，面积为248 021.31亩，占总耕地面积的48.44%。全县各个乡（镇）均有分布。

Ⅵ级　全氮含量小于0.50克/千克，面积为1 094.40亩，占总耕地面积的0.21%。主要分布于白崖台乡的白崖台，东河南镇的成才沟，独峪乡的独峪，落水河乡的新河峪、新庄、东坡、温东堡，石家田乡的温东堡，史庄乡的黑寺、麻黄沟、王家村，赵北乡的下红峪、养家会、战刀会，主要种植黍子、谷子等作物。

（三）有效磷

Ⅰ级　有效磷含量大于25.00毫克/千克，全县无分布。

Ⅱ级　有效磷含量在20.10～25.00毫克/千克，面积1 260.04亩，占总耕地面积的0.25%。主要分布在独峪乡、赵北乡、下关乡、柳科乡、石家田乡、红石塄乡等地。主要种植莜麦、马铃薯、豆类、胡麻、蔬菜、玉米等作物。

Ⅲ级　有效磷含量在15.1～20.1毫克/千克，面积6 012.02亩，占总耕地面积的1.17%。主要分布于白崖台乡、独峪乡、红石塄乡、柳科乡、上寨镇、石家田乡、史庄乡、下关乡、赵北乡等地。主要种植莜麦、马铃薯、豆类、胡麻、蔬菜、玉米等作物。

Ⅳ级　有效磷含量在10.1～15.0毫克/千克，面积33 520.35亩，占总耕地面积的6.55%。全县各个乡（镇）均有少量分布。

Ⅴ级　有效磷含量在5.1～10.0毫克/千克，面积340 787.01亩，占总耕地面积的66.56%。全县各个乡（镇）广泛分布。

Ⅵ级　有效磷含量小于5.0毫克/千克，面积130 439.57亩，占总耕地面积的25.48%。全县各个乡（镇）广泛分布。主要种植黍子、谷子、玉米、油菜籽、豆类等作物。

（四）速效钾

Ⅰ级　速效钾含量大于250毫克/千克，全县无分布。

Ⅱ级　速效钾含量在201.0～250.0毫克/千克，面积5 125.25亩，占总耕地面积的1.00%。主要分布在下关乡的杨庄、老湾沟、铜碌崖、木佛台、南铺、西湾、六沙台、谢子坪、岗河村、白水岭，红石塄乡的稍沟、觉山、上车河、下车河、沙湖门、沟掌、龙峪池，以及柳科乡、白崖台乡、独峪乡、赵北乡、石家田乡、上寨镇等地。主要种植马铃薯、莜麦、蚕豆、豌豆、胡麻等作物。

Ⅲ级　速效钾含量在151.0～200.0毫克/千克，全县面积40 747.80亩，占总耕地面积的7.96%。全县各乡（镇）都有分布，但在川下的东河南镇、武灵镇、落水河乡仅有零星分布。主要种植黍子、谷子、玉米、油菜、马铃薯、莜麦、豆类等作物。

Ⅳ级　速效钾含量在101.0～150.0毫克/千克，全县面积182 304.67亩，占总耕地面积的35.61%。广泛分布于全县12个乡（镇）。

Ⅴ级　速效钾含量在51.0～100.0毫克/千克，面积283 841.27亩，占总耕地面积的55.44%。在全县广泛分布。

Ⅵ级　速效钾含量小于50.0毫克/千克，全县无分布。

（五）缓效钾

Ⅰ级　缓效钾含量大于1 200.0毫克/千克，面积144.40亩，占总耕地面积的0.03%。仅在独峪乡的豹子口头村有零星分布。主要种植蔬菜、玉米等作物。

Ⅱ级　缓效钾含量在901.0～1 200.0毫克/千克，面积13 741.01亩，占总耕地面积的2.68%。主要分布在除落水河乡外的其他乡（镇）。主要种植蔬菜、玉米马铃薯等作物。

Ⅲ级　缓效钾含量在601.0～900.0毫克/千克，面积361 784.73亩，占总耕地面积的70.66%。广泛分布在全县12个乡（镇）。

Ⅳ级　缓效钾含量在351.0～600.0毫克/千克，面积136 348.85亩，占总耕地面积的26.63%。广泛分布在全县12个乡（镇）。

Ⅴ级　缓效钾含量为151.0～350.0毫克/千克，全县无分布。

Ⅵ级　缓效钾含量小于等于150.0毫克/千克，全县无分布。

大量元素分级见表3-4。

表 3-4　灵丘县耕地土壤大量元素分级面积

类别		Ⅰ		Ⅱ		Ⅲ		Ⅳ		Ⅴ		Ⅵ	
		百分比（%）	面积（亩）	百分比（%）	面积（亩）	百分比（%）	面积（亩）	百分比（%）	面积（亩）	百分比（%）	面积（亩）	百分比（%）	面积（亩）
耕地土壤	有机质	1.70	8 680.13	2.79	14 290.58	11.66	59 683.3	49.41	252 996.7	34.45	176 368.28	0	0
	全氮	0.38	1 921.32	2.06	10 556.33	5.76	29 489.90	43.15	220 935.73	48.44	248 021.310	0.21	1 094.40
	有效磷	0	0	0.25	1 260.04	1.17	6 012.02	6.55	33 520.35	66.56	340 787.01	25.48	130 439.57
	速效钾	0	0	1.00	5 125.25	7.96	40 747.80	35.61	182 304.67	55.44	283 841.27	0	0
	缓效钾	0.03	144.40	2.68	13 741.01	70.66	361 784.73	26.63	136 348.85	0	0	0	0

注：2008—2010 年测土配方施肥土样分析结果统计。

第三节　中量元素

中量元素背景值的表达方式以各统计单元养分汇总结果的算术平均值和标准差来表示。以单位体 S 表示，表示单位：毫克/千克。

由于有效硫目前全国范围内仅有酸性土壤临界值，而灵丘县土壤属石灰性土壤，没有临界值标准。因而只能根据养分含量的具体情况进行级别划分，分 6 个级别。

一、含量与分布

有效硫

灵丘县土壤有效硫变化范围为 1.7～116.6 毫克/千克，平均值为 28 毫克/千克，属四级水平。

（1）不同行政区域：下关乡平均值最高，为 171.96 毫克/千克；上寨镇平均值最低，为 14.056 毫克/千克。

（2）不同地形部位：河流冲积平原的河漫滩平均值最高，为 37.37 毫克/千克，中低山顶部平均值最低，为 13.07 毫克/千克。

（3）不同母质：残积物最高，平均值为 40.33 毫克/千克；坡积物平均值最低，为 20.14 毫克/千克。

（4）不同土壤类型：盐化潮土最高，平均值为 66.8 毫克/千克；山地草原草甸土平均值最低，为 15.11 毫克/千克。见表 3-5。

表 3-5　灵丘县耕地土壤中量元素分类统计结果

单位：毫克/千克

类　　别		有效硫	
		平均值	区域值
行政区域	白崖台乡	26.51	6.7～72.1
	东河南镇	40.78	6.1～94.4
	独峪乡	16.74	1.7～71.2

（续）

类别		有效硫	
		平均值	区域值
行政区域	红石塄乡	24.25	5.8～49.4
	柳科乡	14.49	4.1～60.6
	落水河乡	30.95	4.4～109.8
	上寨镇	14.06	5.5～65.5
	石家田乡	14.10	4.3～60.6
	史庄乡	15.39	3.4～70.7
	武灵镇	33.33	2～116.6
	下关乡	171.96	32～805
	赵北乡	17.17	2.2～81.9
	原银厂乡	60.38	40.9～95.4
	原招柏乡	68.50	38.2～113
	原狼牙沟乡	79.88	54～106
地形部位	DXBW081 中低山顶部	13.07	10.77～18.12
	DXBW082 中低山上、中部坡腰	20.19	4.62～76.71
	DXBW022 沟谷地	19.94	7.693～56.75
	DXBW027 河流冲积平原的河漫滩	37.37	10.154～76.71
	DXBW030 河流一级、二级阶地	28.58	8.31～53.43
	DXBW041 近代河床低阶地	21.02	7.08～56.75
	DXBW047 山地、丘陵（中、下）部的缓坡地段	21.31	6.46～66.73
	DXBW070 山前洪积平原	29.01	7.69～63.41
	DXBW021 沟谷、梁、峁、坡	23.68	7.08～80.04
	DXBW033 洪积扇上部	22.62	7.08～48.34
土壤类型	山地草原草甸土	15.11	10.77～23.28
	粗骨土	24.27	19.1～33.1
	淋溶褐土	17.47	9.54～33.4
	褐土性土	24.43	1.7～116.6
	石灰性褐土	29.74	2～89
	潮褐土	25.53	7.6～75.2
	潮土	45.97	2.6～109.8
	盐化潮土	66.8	13.5～109.8

（续）

类别		有效硫	
		平均值	区域值
成土母质	CTMZ100 残积物	40.33	10.77～56.75
	CTMZ200 坡积物	20.14	4.62～76.71
	CTMZ300 洪积物	27.83	8.3～63.41
	CTMZ310 砾质洪积物	24.24	7.08～48.34
	CTMZ320 土质洪积物	21.20	7.69～56.75
	CTMZ420 壤质黄土母质	23.68	7.078～80.04
	CTMZ400 黄土母质	21.69	6.462～66.73
	CTMZ600 冲积物	31.56	7.078～76.71
	CTMZ330 黄土状母质	29.01	7.693～63.406

注：2008—2010 年测土配方施肥土样分析结果统计。

二、分级论述

有效硫

Ⅰ级　有效硫含量大于 200.0 毫克/千克，全县无分布。

Ⅱ级　有效硫含量 100.1～200.0 毫克/千克，全县无分布。

Ⅲ级　有效硫含量为 50.1～100.0 毫克/千克，面积为 17 738.83 亩，占总耕地面积的 3.465%。主要分布于东河南（镇）、落水河乡、武灵镇、赵北乡、史庄乡等乡（镇）。另外，在独峪乡、白崖台乡、下关乡也有少量存在。

Ⅳ级　有效硫含量在 25.1～50.0 毫克/千克，面积 189 748.1 亩，占总耕地面积的 37.06%。在全县各乡（镇）广泛分布。主要分布于东河南镇、落水河乡、武灵镇、赵北乡、史庄乡、独峪乡、白崖台乡、红石塄乡等乡（镇），另外在下关乡、柳科乡、石家田乡、上寨镇等地也有零星分布。

Ⅴ级　有效硫含量 12.1～25.0 毫克/千克，面积为 220 468.9 亩，占总耕地面积的 43.06%。在全县各乡（镇）广泛分布。

Ⅵ级　有效硫含量小于等于 12.0 毫克/千克，面积 84 063.2 亩，占总耕地面积的 16.42%。主要分布于除东河南镇外的各乡（镇）。主要种植莜麦、玉米、谷子、豆类、马铃薯等作物。

中量元素分级见表 3-6。

表 3-6　灵丘县耕地土壤中量元素分级面积

类别	Ⅰ		Ⅱ		Ⅲ		Ⅳ		Ⅴ		Ⅵ	
	百分比（%）	面积（亩）	百分比（%）	面积（亩）	百分比（%）	面积（亩）	百分比（%）	面积（亩）	百分比（%）	面积（亩）	百分比（%）	面积（亩）
有效硫	0	0	0	0	3.46	17 738.79	37.06	189 748.1	43.06	220 468.9	16.42	84 063.2

注：2007—2009 年测土配方施肥土样分析结果统计。

表 3-7　灵丘县耕地土壤微量元素分类统计结果

单位:毫克/千克

类别		有效铁		有效锰		有效铜		有效锌		有效硼		有效钼	
		平均值	区域值	平均值	区域值	平均值	区域值	平均值	区域值	平均值	区域值	平均值	区域值
行政区域	白崖台乡	8.00	2.5～15.7	8.94	1.2～16.1	1.43	0.29～7.46	1.25	0.07～2.98	0.48	0.19～0.83	0.07	0.05～0.12
	东河南镇	5.50	1.2～18.2	6.65	2.9～12.4	0.89	0.32～7.75	0.86	0.14～2.58	0.26	0.02～0.86	0.06	0.04～0.07
	独峪乡	11.21	5.9～18	11.56	2.1～19.2	1.09	0.53～2.73	1.58	0.28～4.12	0.54	0.34～0.8	0.07	0.04～0.09
	红石塄乡	9.34	4.4～14.4	13.74	6.3～19.4	0.97	0.21～2.47	2.19	0.33～4.6	0.43	0.24～0.68	0.07	0.06～0.1
	柳科乡	7.43	2.6～16.6	10.14	2.2～19.6	1.76	0.46～18.96	1.19	0.19～4.19	0.43	0.17～0.81	0.08	0.04～0.4
	落水河乡	5.04	1.2～14.9	7.96	3.5～11.4	1.12	0.22～7.65	1.27	0.29～3.97	0.06	0.04～0.07	—	—
	上寨镇	8.28	3.3～12.5	9.23	2.2～15.6	1.24	0.44～3.54	1.06	0.22～3.67	0.38	0.17～0.74	0.07	0.06～0.09
	石家田乡	6.31	2.9～13.8	9.18	1.8～16.2	1.06	0.36～9.14	1.01	0.36～3.63	0.45	0.17～1.26	0.07	0.04～0.09
	史庄乡	6.63	1.3～16.5	8.12	2.8～15.8	0.87	0.4～5.94	1.04	0.25～2.68	0.38	0.03～0.92	0.10	0.04～0.7
	武灵镇	5.47	1～52	7.66	3.1～13.4	0.87	0.21～25	2.37	0.06～5.27	0.31	0.02～5	0.06	0.04～0.07
	下关乡	10.82	4.7～29.5	11.68	3.5～22.5	1.16	0.48～2.91	1.50	0.57～3.82	0.41	0.18～0.85	0.07	0.05～0.09
	赵北乡	8.80	2.9～28.2	9.32	1.6～18.6	1.05	0.06～18.79	1.02	0.03～3.45	0.50	0.23～1.12	0.08	0.04～0.12
	原银厂乡	11.37	5.6～19.3	10.44	6.1～16.2	1.90	0.58～5.71	2.20	0.48～5.83	0.59	0.34	0.08	0.05～0.1
	原招柏乡	8.62	4.6～23.1	10.80	6.1～21.4	1.26	0.43～4.9	1.73	0.34～6	0.62	0.3～1.1	0.07	0.05～0.09
	原狼牙沟乡	14.27	4.7～35.1	13.31	7.7～22.5	1.22	0.57～3.43	1.69	0.39～3.53	0.59	0.34～1.06	0.06	0.04～0.1
地形部位	DXBW081 中低山顶部	10.26	9.667～10.675	12.34	11.67～13	1.06	0.934～1.238	1.57	1.369～1.907	0.39	0.364～0.422	0.12	0.11～0.126
	DXBW082 中低山上、中部坡腰	9.37	3.804～20	10.58	3.315～17.62	1.09	0.289～2.3	1.48	0.36～3.4	0.50	0.124～0.836	0.09	0.08～0.223
	DXBW022 沟谷地	6.70	3.223～13.336	9.05	3.315～14.334	0.98	0.542～2.304	1.15	0.386～2.503	0.45	0.06～0.836	0.08	0.08～0.178
	DXBW027 河流冲积平原的河漫滩	6.50	4.02～15.342	8.63	5.676～13.668	1.00	0.37～2.467	1.76	0.436～3.804	0.35	0.103～0.836	0.08	0.08～0.12
	DXBW030 河流一级、二级阶地	5.85	3.871～9.334	8.45	6.342～11.004	0.86	0.575～2.402	1.18	0.575～3.506	0.30	0.06～0.836	0.10	0.08～0.531

（续）

类别		有效铁		有效锰		有效铜		有效锌		有效硼		有效钼	
		平均值	区域值	平均值	区域值	平均值	区域值	平均值	区域值	平均值	区域值	平均值	区域值
地形部位	DXBW041 近代河床低阶地	9.01	3.804～22.006	9.78	3.847～15	1.06	0.467～3.153	1.36	0.36～2.999	0.49	0.167～1	0.08	0.08～0.11
	DXBW047 山地、丘陵（中、下）部的缓坡地段	7.87	2.364～20.01	9.67	3.315～17.95	0.98	0.354～3.055	1.27	0.335～3.804	0.48	0.06～1	0.08	0.08～0.312
	DXBW070 山前洪积平原	6.30	3.506～17.338	8.94	4.911～15.99	0.86	0.451～1.902	1.70	0.542～3.903	0.34	0.06～1	0.08	0.08～0.1
	DXBW021 沟谷、梁、峁、坡	6.89	2.499～20.675	8.96	3.315～18.277	0.92	0.37～3.186	1.18	0.31～3.804	0.41	0.06～1	0.08	0.08～0.292
	DXBW033 洪积扇上部	6.11	3.506～15	8.17	4.645～13.002	0.95	0.483～2.99	2.06	0.771～4.003	0.43	0.06～0.836	0.08	0.08～0.1
土壤类型	山地草原草甸土	9.67	7.34～10.68	12.34	11.67～13.002	1.05	0.934～1.238	1.74	1.369～2.4	0.40	0.364～0.46	0.11	0.080.126
	粗骨土	9.07	7.6～11.2	11.23	13.1～9.8	1.73	2.39～1.37	1.37	0.32～2.13	0.66	0.62～0.71		
	淋溶褐土	9.31	4.634～12.67	10.50	7.008～13.668	1.14	0.673～1.608	1.55	0.738～3.307	0.46	0.267～0.836	0.10	0.08～0.223
	褐土性土	7.18	1.3～35.1	9.12	1.2～22.5	1.07	0.22～1.432	1.28	0.03～6	0.41	0.02～1.26	0.07	0.04～0.4
	石灰性褐土	5.62	1～51	7.82	1.8～15	1.00	0.21～25	1.58	0.06～5.27	0.32	0.02～5	0.07	0.04～0.7
	潮褐土	10.27	4.3～18.6	9.55	2.3～16.2	1.66	0.06～18.79	1.20	0.59～2.76	0.46	0.25～0.78	0.10	0.08～0.12
	潮土	11.37	5.6～19.3	10.44	6.1～16.2	1.90	0.58～5.71	2.20	0.48～5.83	0.59	0.34～1.1	0.08	0.05～0.1
	盐化潮土	10.91	3.9～18.2	9.98	6～12.4	2.59	0.67～7.75	1.38	0.51～2.27	0.24	0.06～0.42	0.05	0.05～0.06
土壤母质	CTMZ100 残积物	5.98	4.4～10.68	8.72	6.34～13	0.79	0.54～1.238	1.89	1.075～3.41	0.17	0.081～0.42	0.09	0.08～0.126
	CTMZ200 坡积物	8.78	3.522～20	10.31	3.315～17.95	1.03	0.289～2.304	1.39	0.36～3.407	0.48	0.081～0.836	0.08	0.08～0.223
	CTMZ300 洪积物	6.05	3.472～13.34	8.68	5.676～13.67	0.91	0.5102.402	1.82	0.575～4.192	0.28	0.06～0.836	0.08	0.08～0.178
	CTMZ310 砾质洪积物	5.76	3.854～10	8.12	6.343～11.0	1.08	0.608～2.99	2.63	0.902～4.003	0.30	0.167～0.836	0.08	0.08～0.1
	CTMZ320 土质洪积物	6.11	3.223～15	8.47	3.315～14.33	0.89	0.483～2.206	1.17	0.386～2.701	0.48	0.06～0.836	0.08	0.08～0.1
	CTMZ420 壤质黄土母质	6.89	2.499～20.68	8.96	3.315～18.277	0.92	0.37～3.186	1.18	0.31～3.804	0.41	0.06～1	0.08	0.08～0.292
	CTMZ400 黄土母质	8.07	2.36～20.01	9.69	3.315～16.643	1.02	0.354～3.055	1.31	0.335～3.804	0.50	0.06～1	0.08	0.08～0.312
	CTMZ600 冲积物	7.23	3.27～22.	8.71	3.847～15	0.99	0.37～3.15	1.45	0.36～3.804	0.39	0.071～1	0.09	0.08～0.531
	CTMZ330 黄土状母质	6.30	3.506～17.34	8.94	4.9～15.99	0.86	0.45～15.99	1.70	0.542～3.9	0.34	0.06～1	0.08	0.08～1

注：2007—2009 年测土配方施肥土样分析结果统计。

第四节　微量元素

土壤微量元素背景值的表达方式以各统计单元养分汇总结果的算术平均值和标准差来表示，分别以单体 Cu、Zn、Mn、Fe、B、Mo 表示。表示单位：毫克/千克。

土壤微量元素参照全省第二次土壤普查的标准，结合本县土壤养分含量状况重新进行划分，各分 6 个级别，见表 3-7。

一、含量与分布

（一）有效铜

灵丘县土壤有效铜含量变化范围为 0.06～25 毫克/千克，平均值 1.084 毫克/千克，属三级水平。

（1）不同行政区域：原银厂乡平均值最高，为 1.90 毫克/千克；武灵镇平均值最低，为 0.87 毫克/千克。

（2）不同地形部位：中低山上、中部坡腰平均值最高，为 1.09 毫克/千克；河流一级、二级阶地平均值最低，为 0.86 毫克/千克。

（3）不同母质：砾质洪积物平均值最高，为 1.08 毫克/千克，残积物平均值最低；为 0.79 毫克/千克。

（4）不同土壤类型：盐化潮土平均值最高，为 2.59 毫克/千克；石灰性褐土平均值最低，为 1.00 毫克/千克。

（二）有效锌

灵丘县土壤有效锌含量变化范围为 0.03～6 毫克/千克，平均值为 1.427 毫克/千克，属三级水平。

（1）不同行政区域：武灵镇平均值最高，为 2.37 毫克/千克；东河南镇平均值最低，为 0.86 毫克/千克。

（2）不同地形部位：洪积扇上部平均值最高，为 2.06 毫克/千克，沟谷地平均值最低，为 1.15 毫克/千克。

（3）不同母质：砾质洪积物平均值最高，为 2.63 毫克/千克；土质洪积物平均值最低，为 1.17 毫克/千克。

（4）不同土壤类型：潮土平均值最高，为 2.2 毫克/千克；潮褐土平均值最低，为 1.2 毫克/千克。

（三）有效锰

灵丘县土壤有效锰含量变化范围为 1.2～22.5 毫克/千克；平均值为 8.64 毫克/千克，属四级水平。

（1）不同行政区域：红石塄乡平均值最高，为 13.74 毫克/千克；东河南镇平均值最低，为 6.63 毫克/千克。

（2）不同地形部位：中低山顶部平均值最高，为 12.34 毫克/千克；洪积扇上部平均值最低，为 8.17 毫克/千克。

（3）不同母质，坡积物最高，平均值为 10.31 毫克/千克；砾质洪积物最低，平均值为 8.12 毫克/千克。

（4）不同土壤类型：山地草原草甸土最高，平均值为 12.34 毫克/千克；石灰性褐土最低，平均值为 7.82 毫克/千克。

（四）有效铁

灵丘县土壤有效铁含量变化范围为 1～52 毫克/千克，平均值为 6.78 毫克/千克，属四级水平。

（1）不同行政区域：原狼牙沟乡平均值最高，为 14.27 毫克/千克；落水河乡平均值最低，为 5.04 毫克/千克。

（2）不同地形部位：中低山顶部最高，平均值为 10.26 毫克/千克；河流一级、二级阶地最低，平均值为 5.85 毫克/千克。

（3）不同母质：坡积物最高，平均值为 8.78 毫克/千克；砾质洪积物最低，平均值为 5.76 毫克/千克。

（4）不同土壤类型：潮土最高，平均值为 11.37 毫克/千克；石灰性褐土最低，平均值为 5.62 毫克/千克。

（五）有效硼

灵丘县土壤有效硼含量变化范围为 0.02～5 毫克/千克，平均值为 0.379 毫克/千克，属五级水平。

（1）不同行政区域：原招柏乡平均值最高，为 0.616 毫克/千克；落水河乡平均值最低，为 0.059 毫克/千克。

（2）不同地形部位：中低山上、中部坡腰平均值最高，为 0.50 毫克/千克；山前洪积平原最低，平均值为 0.34 毫克/千克。

（3）不同母质：黄土母质最高，平均值为 0.5 毫克/千克；残积物最低，平均值为 0.17 毫克/千克。

（4）不同土壤类型：粗骨土最高，平均值为 0.66 毫克/千克；盐化潮土最低，平均值为 0.24 毫克/千克。

（六）有效钼

灵丘县土壤有效钼含量变化范围为 0.04～0.7 毫克/千克，平均值为 0.068 毫克/千克，属六级水平。

（1）不同行政区域：史庄乡平均值最高，为 0.098 毫克/千克；武灵镇平均值最低，为 0.056 毫克/千克。

（2）不同地形部位：中低山顶部平均值最高，为 0.12 毫克/千克；山前洪积平原最低，平均值为 0.08 毫克/千克。

（3）不同母质：冲积物平均值最高，为 0.09 毫克/千克；土质洪积物最低，平均值为 0.08 毫克/千克，相差不是很大。

（4）不同土壤类型：山地草原草甸土最高，平均值为 0.11 毫克/千克；盐化潮土最低，平均值为 0.05 毫克/千克。粗骨土没有有效钼化验数据。

二、分级论述

（一）有效铜

Ⅰ级　有效铜含量大于 2.00 毫克/千克，面积为 2 503.38 亩，占总耕地面积的 0.49%。仅在下关乡的上关、武灵镇的灵源、石家田乡的孙庄、义泉岭，上寨镇的王寨、庄子沟，落水河乡的三山，柳科乡的伊家店，东河南镇的蔡家峪，白崖台乡的冉庄、长沟、长城、白崖台、斗方石等村有零星分布。

Ⅱ级　有效铜含量在 1.51～2.0 毫克/千克，面积 18 225.31 亩，占总耕地面积的 3.56%，零星分布于除红石塄乡、史庄乡外的其他乡（镇）。如赵北乡的下庄、石墙、王成庄、寺沟、南岭北、店房台，下关乡的上关、岸底、中庄村、岗河村、武灵镇的灵源，石家田乡的马湾、义泉岭、上北罗、石家田、马兴关、孙庄、东张庄，上寨镇的王寨、下寨北、口头、庄子沟、黄土、刘庄，落水河乡的三山、落水河，柳科乡的伊家店、牛角岭、刁泉、荞麦川、大兴庄、龙王堂，东河南镇的古树、蔡家峪、峰北、古之河、千树洼，白崖台乡的冉庄、长沟、斗方石、白崖台、长城、王村铺、烟云崖等村庄。主要种植玉米、蔬菜、果树。

Ⅲ级　有效铜含量在 1.01～1.51 毫克/千克，面积 145 832.43 亩，占总耕地面积的 28.48%，广泛分布在全县 12 个乡（镇）。

Ⅳ级　有效铜含量 0.51～1.0 毫克/千克，面积 338 176.01 亩，占总耕地面积的 66.05%。广泛分布于全县。

Ⅴ级　有效铜含量 0.21～0.50 毫克/千克，面积 7 281.86 亩，占总耕地面积的 1.42%。主要分布在赵北乡的上红峪、下红峪、养家会，武灵镇的泽水、张湾、作新，落水河乡的孤山、落水河、巨羊坨、东坡、招柏、乔庄、安甲、郭庄、门头新庄，红石塄乡的下北泉，东河南镇的东窖、南梁村、鹅鸭泉、阳山沟、东河南等地。主要种植谷子、黍子、马铃薯、玉米、油菜籽等作物。

Ⅵ级　有效铜含量≤0.2 毫克/千克，全县无分布。

（二）有效锰

Ⅰ级　有效锰含量在>3 毫克/千克，全县无分布。

Ⅱ级　有效锰含量在 20.01～30.0 毫克/千克，全县无分布。

Ⅲ级　有效锰含量在 15.01～20.0 毫克/千克，面积 2 890.92 亩，占总耕地面积的 0.56%。零星分布于全县各乡（镇）。

Ⅳ级　有效锰含量在 5.01～15.0 毫克/千克，面积 501 683.9 亩，占总耕地面积的 97.99%。广泛分布于全县各乡（镇）。

Ⅴ级　有效锰含量在 1.01～5.0 毫克/千克，面积 7 444.17 亩，占总耕地面积的 1.45%。零星分布于赵北乡的下庄，下关乡的中庄村、上关、白水岭、岸底、杨庄，红石塄乡的沙湖门、稍沟、红石塄、白沟，独峪乡的古道沟、三楼、鹅毛等村庄。

Ⅵ级　有效锰含量≤1.0 毫克/千克，全县无分布。

（三）有效锌

Ⅰ级　有效锌含量＞3.0毫克/千克，面积19 953.06亩，占总耕地面积的3.90%。主要分布武灵镇的庄头、黄峪，另外在下关乡的下关，红石塄乡的上车河，落水河乡的固城村等也有零星分布。主要种植莜麦、马铃薯、胡麻、豆类等作物。

Ⅱ级　有效锌含量在1.51～3.0毫克/千克，面积132 555.34亩，占总耕地面积的25.89%。在全县各乡（镇）都有分布，主要种植莜麦、马铃薯、玉米、豆类等作物。

Ⅲ级　有效锌含量在1.01～1.5毫克/千克，面积162 962.99亩，占总耕地面积的31.83%。在全县各乡（镇）广泛分布。

Ⅳ级　有效锌含量在0.51～1.0毫克/千克，面积186 498.18亩，占总耕地面积的36.43%。在全县各乡（镇）广泛分布。

Ⅴ级　有效锌含量在0.31～0.5毫克/千克，面积10 049.42亩，占总耕地面积的1.96%。主要分布白崖台乡的跑池、王巨村、兴庄、跑池，东河南镇的东窖、南园，独峪乡的鹅毛，柳科乡的荀庄、北上庄，落水河乡的三山、孤山，上寨镇的东玲沟、祁庄、和托，赵北乡的芥草沟、赵北、联庄、六石山、栽蒜沟、上红峪等村庄。主要种植玉米、蔬菜、马铃薯、黍子、谷子豆类及油菜籽等作物。

Ⅵ级　有效锌含量小于等于0.3毫克/千克，全县无分布。

（四）有效铁

Ⅰ级　有效铁含量大于20.0毫克/千克，面积143.51亩，占总耕地面积的0.03%。主要分布在赵北乡的王成庄、下庄、养家会，下关乡的中庄。

Ⅱ级　有效铁含量在15.01～20.0毫克/千克，面积3 069.61亩，占总耕地面积的0.60%。主要分布在东河南镇的蔡家峪，独峪乡的站上、香炉石，下关乡的上关、白水岭、中庄、杨庄、下关，赵北乡的养家会、草滩、王成庄、谷地沟等村庄。主要种植莜麦、蚕豆、胡麻等作物。

Ⅲ级　有效铁含量在10.01～15.0毫克/千克，面积65 823.13亩，占总耕地面积的12.86%。主要分布在全县12个乡（镇）。主要种植莜麦、玉米、谷子、蚕豆、胡麻等作物。

Ⅳ级　有效铁含量在5.01～10.0毫克/千克，面积328 259.59亩，占全县总耕地面积的64.11%。广泛分布于全县。

Ⅴ级　有效铁含量在2.51～5.0毫克/千克，面积114 723.15亩，占总耕地面积的22.41%。广泛分布于全县。

Ⅵ级　有效铁含量小于等于2.5毫克/千克，全县无分布。

（五）有效硼

Ⅰ级　有效硼含量大于2.0毫克/千克，全县无分布。

Ⅱ级　有效硼含量在1.51～2.0毫克/千克，全县无分布。

Ⅲ级　有效硼含量在1.01～1.5毫克/千克，全县无分布。

Ⅳ级　有效硼含量在0.51～1.0毫克/千克，面积83 856.94亩，占总耕地面积的16.38%。全县12个乡（镇）广泛分布。

Ⅴ级　有效硼含量在0.21～0.5毫克/千克，面积355 435.74亩，占总耕地面积的

69.42%。在全县广泛分布。

Ⅵ级　有效硼含量小于等于0.20毫克/千克，面积72726.31亩，占总耕地面积的14.20%。主要分布在武灵镇、落水河乡、东河南镇。主要种植玉米、马铃薯、黍子、谷子等作物。

（六）有效钼

Ⅰ级　有效钼含量大于0.30毫克/千克，面积752.97亩，占总耕地面积的0.15%。主要分布在史庄乡的王家村、柳科乡的刁泉两个村庄。主要种植玉米、马铃薯、谷黍等作物。

Ⅱ级　有效钼含量在0.26～0.30毫克/千克，面积202.08亩，占总耕地面积的0.04%。主要分布在史庄乡的王家村、甄村，柳科乡的刁泉3个村庄。主要种植玉米、马铃薯、黍子、谷子等作物。

Ⅲ级　有效钼含量在0.21～0.25毫克/千克，面积646.04亩，占总耕地面积的0.13%。主要分布在史庄乡的甄村，柳科乡的刁泉2个村庄。主要种植玉米、马铃薯、黍子、谷子等作物。

Ⅳ级　有效钼含量在0.16～0.20毫克/千克，面积为4 472.67亩，占总耕地面积的0.87%。在史庄乡的王家村、甄村，柳科乡的刁泉3个村庄有零星分布。

Ⅴ级　有效钼含量在0.11～0.15毫克/千克，面积为8 377.1亩，占总耕地面积的1.64%。主要分布赵北乡的红山，武灵镇的东武庄，史庄乡的史庄、韩坪、西玄风、兴旺庄、王家村、甄村，柳科乡的刁泉、南坑、枪头岭、小彦、牛角岭，白崖台乡的来湾村。主要种植玉米谷子、黍子、马铃薯等作物。

Ⅵ级　有效钼含量小于等于0.1毫克/千克，面积497 568.13亩，占总耕地面积的97.18%。广泛分布于全县12个乡（镇）。

微量元素土壤分级面积见表3-8。

表3-8　灵丘县耕地土壤微量元素分级面积

类别	Ⅰ		Ⅱ		Ⅲ		Ⅳ		Ⅴ		Ⅵ	
	百分比（%）	面积（亩）	百分比（%）	面积（亩）	百分比（%）	面积（亩）	百分比（%）	面积（亩）	百分比（%）	面积（亩）	百分比（%）	面积（亩）
有效铁	0.03	143.51	0.60	3 069.61	12.86	65 823.13	64.11	328 259.59	22.41	114 723.15	0	0
有效铜	0.49	2 503.38	3.56	18 225.31	28.48	145 832.43	66.05	338 176.01	1.42	7 281.86	0	0
有效锌	3.90	19 953.06	25.89	132 555.34	31.83	162 962.99	36.43	186 498.18	1.96	10 049.42	0	0
有效锰	0	0	0	0	0.56	2 890.92	97.99	501 683.9	1.45	7 444.17	0	0
有效硼	0	0	0	0	0	0	16.38	83 856.94	69.42	355 435.74	14.20	72 726.31
有效钼	0.15	752.97	0.04	202.08	0.13	646.04	0.87	4 472.67	1.64	8 377.1	97.18	497 568.13

注：2008—2010年灵丘县测土配方施肥土样分析结果统计。

第五节　其他理化性状

一、土壤pH

灵丘县耕地土壤pH变化范围为7.2～8.8，平均值为8.22。

（1）不同行政区域：赵北乡平均值最高，为8.36；武灵镇平均值最低，为8.06。

（2）不同地形部位：中低山顶部平均值最高，为8.4；河流冲积平原的河漫滩平均值最低，为8.18。

（3）不同母质：黄土母质平均值最高，为8.32；砾质洪积物平均值最低，为8.08。

（4）不同土壤类型：山地草原草甸土平均值最高，为8.38；盐化潮土平均值最低，为8.07。见表3-9

表3-9 灵丘县耕地土壤pH平均值分类统计结果

类别		pH	
		平均值	区域值
行政区域	白崖台乡	8.26	7.7～8.8
	东河南镇	8.06	7.4～8.4
	独峪乡	8.20	7.5～8.6
	红石塄乡	8.30	7.9～8.7
	柳科乡	8.31	7.7～8.6
	落水河乡	8.11	7.4～8.6
	上寨镇	8.33	8.0～8.6
	石家田乡	8.32	7.6～8.7
	史庄乡	8.34	7.8～8.7
	武灵镇	8.06	7.2～8.7
	下关乡	8.17	7.5～8.5
	赵北乡	8.36	7.7～8.7
	原银厂乡	8.27	7.7～8.6
	原招柏乡	8.35	7.9～8.5
	原狼牙沟乡	8.26	8.0～8.4
地形部位	DXBW081 中低山顶部	8.4	8.32～8.48
	DXBW082 中低山上、中部坡腰	8.26	7.69～8.55
	DXBW022 沟谷地	8.31	7.93～8.55
	DXBW027 河流冲积平原的河漫滩	8.18	7.77～8.48
	DXBW030 河流一级、二级阶地	8.23	7.77～8.48
	DXBW041 近代河床低阶地	8.29	7.93～8.48
	DXBW047 山地、丘陵（中、下）部的缓坡地段	8.32	7.69～8.63
	DXBW070 山前洪积平原	8.20	7.77～8.55
	DXBW021 沟谷、梁、峁、坡	8.29	7.77～8.63
	DXBW033 洪积扇上部	8.19	7.77～8.55

（续）

类　别		pH	
		平均值	平均值
土壤母质	CTMZ100 残积物	8.28	8.24～8.48
	CTMZ200 坡积物	8.27	7.69～8.63
	CTMZ300 洪积物	8.21	7.77～8.55
	CTMZ310 砾质洪积物	8.08	7.77～8.4
	CTMZ320 土质洪积物	8.29	7.93～8.55
	CTMZ420 壤质黄土母质	8.29	7.77～8.63
	CTMZ400 黄土母质	8.32	7.69～8.63
	CTMZ600 冲积物	8.20	7.77～8.48
	CTMZ330 黄土状母质	8.20	7.77～8.55
土壤类型	山地草原草甸土	8.38	8.32～8.48
	粗骨土	8.30	7.9～8.5
	淋溶褐土	8.35	8.16～8.55
	褐土性土	8.28	7.0～8.8
	石灰性褐土	8.13	7.0～8.7
	潮褐土	8.25	7.0～8.6
	潮土	8.26	7.7～8.6
	盐化潮土	8.07	7.7～8.4

注：2008—2010 年测土配方施肥土样分析结果统计。

二、耕层质地

土壤质地是土壤的重要物理性质之一，不同的质地对土壤肥力高低、耕性好坏、生产性能的优劣具有很大影响。

土壤质地也称土壤机械组成，指不同粒径在土壤中占有的比例组合。根据卡庆斯基质地分类，粒径大于 0.01 毫米为物理性沙粒，小于 0.01 毫米为物理性黏粒。根据其沙黏含量及其比例，主要可分为沙土、沙壤、轻壤、中壤、重壤、黏土 6 级。

灵丘县耕层土壤质地主要为沙壤土、轻壤土、中壤土、轻黏壤 4 种，其他质地面积很少见。见表 3-10。

表 3-10　灵丘县土壤耕层质地概况

质地类型	耕种土壤（亩）	占耕作土壤（%）
ZDLB007 轻黏壤	22 276.89	4.35
ZDLB005 中壤土	1 306.96	0.26
ZDLB004 轻壤土	395 269.07	77.20

（续）

质地类型	耕种土壤（亩）	占耕作土壤（%）
ZDLB003 沙壤土	93 166.07	18.20
合　计	512 019	100.00

注：2008—2009 年测土配方施肥土样分析结果统计。

从表 3-10 可知，灵丘县轻壤面积居首位，沙壤面积次之，轻黏壤再次，中壤土最少。全县土壤基本上为沙壤、轻壤，二者占到全县总面积的 95.4%。其中壤或轻壤（俗称绵土）物理性沙粒大于 55%，物理性黏粒小于 45%，沙黏适中，大小孔隙比例适当，通透性好，保水保肥，养分含量丰富，有机质分解快，供肥性好，耕作方便，通耕期早，耕作质量好，发小苗也发老苗，因此，一般壤质土，水、肥、气、热比较协调，从质地上看，是农业上较为理想的土壤。

沙壤土占灵丘县耕地总面积的 18.20%，其物理性沙粒高达 80%以上，土质较沙，疏松易耕，粒间孔隙度大，通透性好，但保水保肥性能差，抗旱力弱，供肥性差，前劲强后劲弱，发小苗不发老苗。施肥要求施足基肥，且以有机肥为主，以利改良土壤，提高土壤的理化性状。追肥要求少量多次，以利于提高肥料利用率。

三、土壤结构

构成土壤骨架的矿物质颗粒，在土壤中并非彼此孤立、毫无相关地堆积在一起，而往往是受各种作物胶结成形状不同、大小不等的团聚体。各种团聚体和单粒在土壤中的排列方式称为土壤结构。

土壤结构是土体构造的一个重要形态特征。它关系着土壤水、肥、气、热状况的协调，土壤微生物的活动、土壤耕性和作物根系的伸展，是影响土壤肥力的重要因素。

灵丘县山地土壤由于有机质含量高，主要为团粒结构，粒径为 0.25～10 毫米，由腐殖质为成型动力胶结而成。团粒结构是良好的土壤结构类型，可协调土壤的水、肥、气、热状况。

灵丘县耕作土壤的有机质含量较少，土壤结构主要以土壤中碳酸钙胶结为主，水稳性团粒结构为 20%～40%。

灵丘县土壤的不良结构主要有：

1. 板结　灵丘县耕作土壤灌水或降雨后表层板结现象较普遍，板结形成的原因是细黏粒含量较高，有机质含量少所致。板结是土壤不良结构的表现，它可加速土壤水分蒸发、土壤紧实，影响幼苗出土生长以及土壤的通气性能。改良办法应增加土壤有机质，雨后或浇灌后及时中耕破板，以利土壤疏松通气。

2. 坷垃　坷垃是在质地黏重的土壤上易产生的不良结构。坷垃多时，由于相互支撑，增大孔隙透风跑墒，促进土壤蒸发，并影响播种质量，造成露籽或压苗，或形成吊根，妨碍根系穿插。改良办法首先大量施用有机肥料和掺杂沙改良黏重土壤，其次应掌握宜耕期，及时进行耕耙，使其粉碎。

土壤结构是影响土壤孔隙状况、容重、持水能力、土壤养分等的重要因素，因此，创造和改善良好的土壤结构是农业生产上夺取高产稳产的重要措施。

四、耕地土壤阳离子交换量

灵丘县耕地土壤阳离子交换量含量变化范围为0.7～20.2厘摩尔/千克，平均值为8.936厘摩尔/千克。其中，原狼牙沟乡平均值最高，为11.57厘摩尔/千克；白崖台乡平均值最低，为6.85厘摩尔/千克。

五、土壤孔隙状况

土壤是多孔体，土粒、土壤团聚体之间以及团聚体内部均有孔隙。单位体积土壤孔隙所占的百分数，称土壤孔隙度，也称总孔隙度。

土壤孔隙的数量、大小、形状很不相同，它是土壤水分与空气的通道和储存所，它密切影响着土壤中水、肥、气、热等因素的变化与供应情况。因此，了解土壤孔隙大小、分布、数量和质量，在农业生产上有非常重要的意义。

土壤孔隙度的状况取决于土壤质地、结构、土壤有机质、土粒排列方式及人为因素等。黏土孔隙多而小，通透性差；沙质土孔隙少而粒间孔隙大，通透性强；壤土则孔隙大小比例适中。土壤孔隙可分3种类型：

1. 无效孔隙　孔隙直径小于0.001毫米，作物根毛难于伸入，为土壤结合水充满，孔隙中水分被土粒强烈吸附，故不能被植物吸收利用，水分不能运动也不通气，对作物来说是无效孔隙。

2. 毛管孔隙　孔隙直径为0.001～0.1毫米，具有毛管作用，水分可借毛管弯月面力保持储存在内，并靠毛管引力向上下左右移动，对作物是最有效水分。

3. 非毛细管孔隙　即孔隙直径大于0.1毫米的大孔隙，不具毛管作用，不保持水分，为通气孔隙，直接影响土壤通气、透水和排水的能力。

土壤孔隙度一般在30%～60%，对农业生产来说，土壤孔隙度以稍大于50%为好，要求无效孔隙尽量低些。非毛管孔隙应保持在10%以上，若小于5%则通气、渗水性能不良。

灵丘县耕层土壤总孔隙度一般在38.5%～58.5%。毛管孔隙度为41.9%～50.2%之间，非毛细管孔隙度为0.7%～16.6%，大小孔隙之比一般为1∶12.5，最大为1∶49，最小为1∶2.5。最适宜的大小孔隙之比为1∶（2～4）。因此，灵丘县土壤大都通气孔隙较低，土壤紧实，通气差。

六、土壤碱解氮、全磷和全钾状况

（一）碱解氮

灵丘县耕地土壤碱解氮变化范围为5～382毫克/千克，平均值为66.38毫克/千克。

不同行政区域：白崖台乡平均值最高，为98.37毫克/千克，落水河乡平均值最低，为53.71毫克/千克。

（二）全磷

灵丘县耕地土壤全磷变化范围为0.432～1.203克/千克，平均值为0.642克/千克。不同行政区域：原狼牙沟乡平均值最高，为0.857克/千克，下关乡平均值最低，为0.494克/千克。

（三）全钾

灵丘县耕地土壤全钾变化范围为17～22.5克/千克，平均值为19.62克/千克。不同行政区域：上寨镇平均值最高，为20.6克/千克；武灵镇平均值最低，为19.45克/千克。

（四）水溶性盐分总量

灵丘县土壤水溶性盐变化范围为0.1～8.4克/千克，平均值为0.445克/千克。其中，原狼牙沟乡平均值最高，为1.048克/千克；落水河乡平均值最低，为0.323克/千克。

灵丘县耕地土壤碱解氮、全磷、全钾分类见表3-11。

表3-11　灵丘县耕地土壤碱解氮、全磷、全钾分类汇总

类别		碱解氮（毫克/千克）		全磷（克/千克）		全钾（克/千克）		水溶性盐分总量(克/千克)	
		平均值	区域值	平均值	区域值	平均值	区域值	平均值	区域值
行政区域	白崖台乡	98.37	11～235	0.68	0.59～0.77	19.88	18.2～22.5	0.75	0.2～8.4
	东河南镇	64.60	21.7～198	0.61	0.481～0.903	19.58	17～22.3	0.43	0.2～3.1
	独峪乡	89.38	35.5～180	0.54	1.1～82.6	19.55	18.5～20.4	0.66	0.2～4.2
	红石塄乡	82.63	18.6～213	0.62	0.449～0.759	19.76	18～21.2	0.41	0.2～1.6
	柳科乡	59.11	19.7～213	0.64	0.507～1.028	20.55	19～22	0.41	0.1～2.3
	落水河乡	53.71	17.4～198	0.62	0.463～0.791	19.58	18.2～21.9	0.32	0.2～3.3
	上寨镇	66.15	26.5～163	0.69	0.689	20.60	20.6	0.36	0.2～0.8
	石家田乡	60.55	22.1～338	0.77	0.432～1.188	19.51	17.8～21.6	0.39	0.2～7.1
	史庄乡	61.50	22.1～158	—	—	—	—	0.41	0.2～1.6
	武灵镇	64.99	5～182	0.64	0.436～1.058	19.45	17.3～22.1	0.46	0.2～1.7
	下关乡	97.41	29.4～228	0.49	0.481～0.521	19.47	18～21.2	0.59	0.2～4.1
	赵北乡	67.68	22.1～382	0.66	0.448～0.932	19.81	18～21.4	0.41	0.2～2.8
	原银厂乡	70.32	28.3～156.6	—	—	—	—	0.58	0.3～2.6
	原招柏乡	72.61	32.7～137	—	—	—	—	0.40	0.3～1.3
	原狼牙沟乡	81.32	35.9～170.8	0.86	0.6～1.203	19.74	18.9～21.3	1.05	0.3～3.1
	灵丘县	66.38	5～382	0.64	0.432～1.203	19.62	17～22.5	0.45	0.1-8.4

注：2007—2009年测土配方施肥土样分析结果统计。

第六节　耕地土壤属性综述与养分动态变化

一、耕地土壤属性综述

灵丘县4 545个样点测定结果表明，灵丘县51.2万亩耕地的土样分析化验结果如下：

pH 为 8.22±0.2，阳离子交换量为 8.94±2.52 厘摩尔/千克，水溶性盐分总量为 0.45±0.36 克/千克，有机质为 12.01±5.68 克/千克，全氮为 0.74±0.29 克/千克，碱解氮为 66.38±28.981 毫克/千克，全磷为 0.64±0.13 克/千克，有效磷为 6.72±6.64 毫克/千克，全钾为 19.62±1.11 克/千克，缓效钾为 680.60±224.95 毫克/千克，速效钾为 104.92±62.55 毫克/千克；中微量元素：有效铁为 6.78±3.83 毫克/千克，有效锰为 8.64±3.18 毫克/千克，有效铜为 1.08±1.48 毫克/千克，有效锌为 1.43±1.03 毫克/千克，有效硼为 0.39±0.24 毫克/千克，有效钼为 0.07±0.05 毫克/千克，有效硫为 27.997±22.39 毫克/千克。见表 3-12。

表 3-12　灵丘县耕地土壤属性总体统计结果

项目名称	点位数（个）	平均值	最大值	最小值	标准差	变异系数
有机质（克/千克）	5 280	12.01	63.70	1.80	5.68	0.47
全　氮（克/千克）	5 264	0.74	2.94	0.19	0.29	0.39
碱解氮（毫克/千克）	5 255	66.38	382.00	5.00	28.98	0.44
全　磷（克/千克）	300	0.64	1.20	0.43	0.13	0.21
有效磷（毫克/千克）	5 280	6.72	110.00	0.40	6.64	0.99
全　钾（克/千克）	300	19.62	22.50	17.00	1.11	0.06
缓效钾（毫克/千克）	5 265	680.60	1 972.00	220.00	224.95	0.33
速效钾（毫克/千克）	5 280	104.92	805.00	3.00	62.55	0.60
有效铜（毫克/千克）	1 411	1.08	25.00	0.06	1.48	1.37
有效锌（毫克/千克）	1 410	1.43	6.26	0.03	1.03	0.72
有效铁（毫克/千克）	1 411	6.78	52.00	1.00	3.83	0.56
有效锰（毫克/千克）	1 410	8.64	22.50	1.20	3.18	0.37
有效硼（毫克/千克）	1 267	0.39	5.00	0.02	0.24	0.63
有效钼（毫克/千克）	259	0.07	0.70	0.03	0.05	0.70
pH	5 280	8.22	8.80	7.20	0.20	0.02
有效硫（毫克/千克）	1 411	27.997	127.70	1.70	22.39	0.77
阳离子交换量（厘摩尔/千克）	307	8.94	20.20	0.70	2.52	0.28
水溶性盐分总量（克/千克）	5 261	0.45	8.40	0.10	0.36	0.80

注：2008—2010 年测土配方施肥土样分析结果统计。

二、有机质及大量元素的演变

随着农业生产的发展及施肥、耕作经营管理水平的变化，耕地土壤有机质及大量元素也随之变化。与全国第二次土壤普查时的耕层养分测定结果相比，30 年间，土壤有机质增加了 4.58 克/千克，全氮增加了 0.13 克/千克，有效磷增加了 7.62 毫克/千克，速效钾增加了 38.48 毫克/千克。但也有一些土壤养分降低的乡（镇），主要是由于有机肥施用不足，化肥施用不合理造成的。今后应大力推广应用配方施肥技术，力争粮食产量稳中有升，肥料利用率逐年上升，稳产增效，促进灵丘农业经济的发展。

灵丘县耕地土壤养分动态变化情况见表 3-13。

表 3-13　灵丘县土壤养分动态变化情况

乡（镇）	有机质（克/千克）			全氮（克/千克）			有效磷（毫克/千克）			速效钾（毫克/千克）		
	第二次土壤普查	本次调查	增减情况	第二次土壤普查	本次调查	增减情况	第二次土壤普查	本次调查	增减情况	第二次土壤普查	本次调查	增减情况
白崖台乡	1.01	13.88	37.43	0.066	0.88	33.33	8.3	9.15	10.24	95	148.41	56.22
东河南镇	0.97	10.55	8.76	0.054	0.69	27.78	4.3	6.09	41.63	89	91.36	2.65
独峪乡	1.27	15.4	21.26	0.081	0.95	17.28	10.6	9.95	−6.13	95	136.82	44.02
红石塄乡	1.69	19.8	17.16	0.12	1.04	−13.33	5.8	8.5	46.55	141	179.87	27.57
柳科乡	0.75	12.14	61.87	0.076	0.75	−1.32	8.6	7.32	−14.88	99	124.61	25.87
落水河乡	0.63	9.33	48.10	0.048	0.65	35.42	6.3	5.59	−11.27	87	86.94	−0.07
上寨镇	1.08	13.06	20.93	0.069	0.81	17.39	8.6	7.63	−11.28	93	131.7	41.61
石家田乡	0.79	10.22	29.37	0.057	0.65	14.04	3.7	5.57	50.54	61	104.64	71.54
史庄乡	0.83	10.45	25.90	0.051	0.63	23.53	5.1	6.33	24.12	76	95.09	25.12
武灵镇	0.95	10.63	11.89	0.06	0.68	13.33	5.825	6.24	7.12	73	82.77	13.38
下关乡	1.53	19.83	29.61	0.1	1.09	9.00	8	12.26	53.25	106	171.96	62.23
赵北乡	1.06	12.78	20.57	0.066	0.71	7.58	6.75	8.01	18.67	97	110.75	14.18
原银厂乡	1.06	16.47	55.38	0.087	1	14.94	9.6	4.91	−48.85	84	80.74	−3.88
原招柏乡	1.4	17.44	24.57	0.092	1.05	14.13	6.4	3.77	−41.09	86	90.38	5.09
原狼牙沟乡	1.63	21.85	34.05	0.098	1.37	39.80	8.4	3.76	−55.24	168	123.23	−26.65
全县情况	0.83	12.013	44.73	0.057	0.742	30.18	6.3	6.719	6.65	84	104.92	24.90

第四章　耕地地力评价

第一节　耕地地力分级

一、面积统计

灵丘县耕地面积51.2万亩，其中有效灌溉地1.2万亩，占耕地面积的2.3%；旱地42.6万亩，占耕地面积的83.2%。按照地力等级的划分指标，通过对4 545个评价单元IFI值的计算，对照分级标准，确定每个评价单元的地力等级，汇总结果见表4-1。

表4-1　灵丘县耕地地力统计

国家等级	地方等级	评价指数	面　积（亩）	所占比重（%）
5	1	0.583 0～0.920 6	51 791.52	10.12
6	2	0.529 0～0.582 9	62 504.06	12.21
7	3	0.453 0～0.528 9	159 467.52	31.14
8	4	0.270 0～0.452 9	197 952.89	38.66
9	5	0.166 6～0.269 9	40 303	7.87
合　计			512 018.99	100

二、地域分布

灵丘县耕地主要分布在唐河流域的一级、二级阶地，西北、东北部坡区黄土丘陵地带，南部土石山区虽面积广阔，但耕地面积较少。

灵丘县耕地所处地形部位包括：近代河床低阶地，河流冲积平原的河漫滩，山前洪积平原，沟谷地，河流一级、二级阶地，洪积扇上部，中低山上、中部坡腰，沟谷、梁、峁、坡，中低山顶部，山地、丘陵（中、下）部的缓坡地段（地面有一定的坡度）等。

从不同地形部位的耕地面积及土地等级表中可以看出，灵丘县39.153%的耕地位于沟谷、梁、峁、坡上，面积为200 465.2亩；面积最小的地形部位是中低山顶部，耕地面积仅有405.37亩，占全县耕地面积的0.079%。

第二节　耕地地力等级分布

一、一　级　地

（一）面积和分布

本级耕地主要分布在一级阶地和二级阶地上。面积为51 791.52亩，占总耕地面积的

10.12%。一级阶地在灵丘县主要分布于武灵镇、落水河乡、东河南镇等唐河两岸的平川区，也有少部分分布于南北山区的一些地方（表 4 - 2）。

表 4 - 2　灵丘县各乡（镇）不同等级耕地面积统计

乡（镇）	一级地		二级地		三级地		四级地		五级地		合计
	面积（亩）	百分比（%）	面积（亩）	百分比（%）	面积（亩）	百分比（%）	面积（亩）	百分比（%）	面积（亩）	百分比（%）	（亩）
白崖台乡	160.02	0.31	24.88	0.04	2 641.95	1.66	19 669.24	9.94	3 068.58	7.61	25 564.67
东河南镇	8 393.23	16.21	16 591.47	26.54	23 470.11	14.72	23 408.27	11.83	6 113.03	15.17	77 976.11
独峪乡	190.17	0.37	720.02	1.15	4 039.08	2.53	17 266.12	8.72	6 443.63	15.99	28 659.02
红石塄乡	325.63	0.63	1 567.87	2.51	4 797.84	3.01	6 350.65	3.21	254.94	0.63	13 296.93
柳科乡	32.96	0.06	—	0.00	5 538.96	3.47	36 005.35	18.19	3 212.76	7.97	44 790.03
落水河乡	14 042.76	27.11	18 344.94	29.35	28 568.35	17.91	15 357.97	7.76	115.80	0.29	76 429.82
上寨镇	600.61	1.16	1 831.98	2.93	9 968.27	6.25	19 382.23	9.79	5 071.75	12.58	36 854.84
石家田乡	186.34	0.36	2 582.41	4.13	30 637.34	19.21	13 899.09	7.02	1 068.15	2.65	48 373.33
史庄乡	138.46	0.27	5 812.34	9.30	10 790.91	6.77	8 256	4.17	4 130.82	10.25	29 128.53
武灵镇	27 131.54	52.39	13 751.1	22.00	18 570.04	11.65	9 775.80	4.94	2 185.1	5.42	71 413.58
下关乡	43.34	0.08	80.95	0.13	4 113.86	2.58	4 030.9	2.04	7 908.88	19.62	16 177.93
赵北乡	546.46	1.06	1 196.10	1.91	16 330.81	10.24	24 551.27	12.40	729.56	1.81	43 354.20
合计	51 791.52	100.00	62 504.06	100.00	159 467.52	100.00	197 952.89	100.00	40 303	100.00	512 018.99

注：2008—2010 年测土配方施肥土样分析结果统计。

主要分布于如下地方：东河南镇的亭之岭、燕家湾、峰北、古之河、三合地、王品、六合地、古树、东河南、蔡家峪、小寨、野里，落水河乡的三山王庄、腰站北沟、南淤地、固城、孤山、北水芦、门头西庄、门头南庄、安甲，武灵镇的驼梁、西武庄、东武庄、李家庄、五福地、刘家庄、三成地、庄头、代家庄、黑龙河、沙嘴、大作、灵源、西关、西坡、东关、作新、南水芦、高家庄、西驼水、唐之洼、东福田、后山角、前山角、沙涧、东驼水、上南地、石磊、下南地、张旺沟、涧测等村。

也有一些零星分布于白崖台乡的烟云崖、张庄、斗方石，独峪乡的站上、三楼、红石塄乡的上北泉、下北泉，柳科乡的柳科，上寨镇的白家台、口头、下寨南、王寨、下寨北、石矶、和托、庄子沟、新建、雁翅、梦阳、庄旺沟，石家田乡的温北堡、温东堡、石家田，史庄乡的西口头、史庄、韩坪，下关乡的上关，赵北乡的养家会等村庄。

这些地方多是河流两岸，地势平坦，耕作历史久远，农艺水平高，施肥水平及施肥量也很高，而且有不少地方可以引洪灌溉或自流灌溉，产量高，效益高。是灵丘县的蔬菜和高产玉米种植区，也是灵丘县的政治、经济、文化和交通中心。

（二）主要属性分析

唐河一级、二级阶地位于灵丘县的交通要道公路天走线、铁路京原线两侧，天走线自南向北从中穿过，京原线从东到西穿过本县。

本级耕地海拔 850～1 160 米，土地平坦。处于沟谷地，沟谷、梁、峁、坡，山地、丘陵（中、下部的缓坡地段，地面有一定的坡度），山前洪积平原，近代河床低阶地，河流一级、二级阶地，河流冲积平原的河漫滩，中低山上、中部坡腰，洪积扇上部。

土壤类型主要为沟淤褐土性土、黄土质褐土性土、沙泥质褐土性土，黄土质石灰性褐土、黄土状潮褐土、灌淤石灰性褐土，湿潮土、硫酸盐盐化潮土、灰泥质褐土性土、麻沙质褐土性土、冲积潮土、洪积褐土性土、沟淤褐土性土。

成土母质有土质洪积物（砾石占剖面 1%～30%）、壤质黄土母质（物理黏粒含量 35%～45%）、坡积物、黄土状母质（物理黏粒含量>45%）、黄土母质、冲积物、洪积物、砾质洪积物（砾石占剖面 30%以上）。地形坡度为 2°以下，耕层质地为沙壤土、轻壤土、中壤土、轻黏土。质地构型有夹黏轻壤、均质沙土、均质沙壤、壤底沙土、夹沙中壤、均质轻壤、夹黏轻壤、夹壤重壤、夹沙轻壤、夹沙重壤、夹壤沙壤、夹黏中壤。

有效土层厚度 120～150 厘米，个别地方“黄土顾积千尺”，平均为 130 厘米，耕层厚度为 15～25 厘米，平均为 18.60 厘米，pH 的变化范围 7.77～8.55，平均值为 8.13，地势平坦，水源丰富，水质良好，全县的水浇地基本都集中于这一地区，无明显侵蚀，保水保肥，部分地块灌溉保证率为充分满足，园田化水平程度很高。

本级耕地土壤有机质平均含量 16.73 克/千克，比全县平均含量高 4.72 克/千克，全氮平均含量为 0.98 克/千克，比全县平均含量高 0.24 克/千克，有效磷平均含量为 7.69 毫克/千克，属省五级水平，比全县平均含量高 0.97 毫克/千克，速效钾平均含量为 130.75 毫克/千克，比全县高 25.83 毫克/千克，中量元素有效硫比全县平均含量高，微量元素钼、锌偏低，锌、硼较全县平均水平高。见表 4 - 3。

表 4 - 3 一级地土壤养分统计

项目	平均值	省级	最大值	最小值	标准差	变异系数	样本数
耕层厚度	18.60	—	20.00	15.00	4.41	0.24	610
pH	8.13	—	8.55	7.77	0.15	0.02	610
有机质	16.73	3	23.64	6.66	2.13	0.13	610
全氮	0.98	4	1.11	0.53	0.09	0.12	610
有效磷	7.69	5	13.40	4.20	1.61	0.21	610
速效钾	130.75	4	183.67	67.34	19.45	0.15	610
缓效钾	675.26	3	980.72	467.20	67.47	0.10	610
有效铜	0.96	4	3.06	0.42	0.31	0.33	610
有效锰	8.23	4	14.33	4.91	1.33	0.16	610
有效锌	1.93	2	4.19	0.51	0.93	0.48	610
有效铁	5.82	4	14.33	3.27	1.69	0.29	610
有效硼	0.28	5	0.84	0.06	0.13	0.45	610
有效钼	0.08	6	0.12	0.08	0.00	0.06	610
有效硫	35.64	4	76.71	7.08	13.67	0.38	610

注：1. 2008—2010 年测土配方施肥土样分析结果统计。

2. 表中各项单位：有机质、全氮为克/千克，耕层层度为厘米，pH 无单位，其他为毫克/千克。

本级耕地农作物生产历来水平较高，从农户调查表来看，主要种植玉米、蔬菜以及附加值高的经济作物。产量水平平均亩产玉米800千克左右，蔬菜平均亩收益1 500元以上，效益显著，是灵丘县重要的粮食生产基地和蔬菜生产基地。

（三）主要存在问题

一是投入大、产出大，化肥用量大，施肥不平衡，氮磷肥用量大，钾肥相对较少，微量元素肥料被忽视，使得肥料成本增加，肥料利用率下降。带来的后果是，由于过量的肥料施用，加之地表径流的作用，使得地下水局部污染，河流、池塘的水质富营养化，引起环境的次生污染，已逐渐引起各方面对环境污染的关注。特别是多年种菜的部分地块，化肥施用量不断提升，有机肥施用不足，引起土壤理化性状不良，土壤板结，出现“投资增加，收入下降”，增产不增收的现象。二是随着工业化程度的增加，部分区域地下水资源过量开采，水位持续下降，更新深井或增加提灌设备，加大了生产成本，也带来灌溉面积的萎缩。三是城郊周边工业污水造成城郊部分菜地的污染，农产品农药超标，产品质量下降，严重影响了灵丘蔬菜“走出去”战略规划，开始制约灵丘县农业经济的发展。四是农资价格的飞速猛长，使农民感到不堪重负，种粮积极性严重受挫，尽管国家有一系列的种粮政策以资鼓励，如减免农业税，提供粮食直补等政策，但仍是杯水车薪，农民的种粮积极性在现实面前开始动摇了。五是随着灵丘工业发展，在工业化为农村富余劳动力提供就业机会的情况下，同时也对农业发展带来了前所未有的冲击，越来越多的农村劳动力走出去，离开祖祖辈辈赖以生存的土地，使得实际从事农业生产的青壮年劳动力严重不足，也越来越影响了农业生产的发展与农业经济的快速增长。

（四）合理利用

本级耕地在利用上应发挥地理优势和土壤肥力优势，大力发展设施农业，加快蔬菜生产发展、高产玉米、特种经济作物的种植，增加科技投入，提高农产品的附加值，提高耕地的综合生产能力。施肥上应控制氮磷肥用量，增加钾肥和微量元素肥料的使用，改进施肥技术，提高肥料利用率；推广节水灌溉技术，如喷灌、水肥一体化技术、小畦灌溉技术等，减少大水漫灌，提高灌溉效益；减少工业污水排放，杜绝污水灌溉，从政策层面进行对工业污染的防控。

二、二 级 地

（一）面积与分布

灵丘县共有62 504.06亩，占总耕地面积的12.21%。分布在唐河两岸一级、二级阶地。海拔为900～1 300米。主要分布在武灵镇、落水河乡、东河南镇3个乡（镇），占全部二级地面积的77.89%。另外，在史庄乡的平川地上也有9.3%的分布，在除柳科乡以外的其他乡镇也有零星分布，但面积都不太大。

主要分布于唐河两岸的阶地上和高河漫滩上的耕地，地力水平比一级地稍差，但在全县仍属高产田之列，也是灵丘县的主要粮、菜产区，经济效益相比其他地区要高。农业生产水平和农民科技水平较高，处于全县中上游水平，玉米近3年平均亩产700～750千克。

（二）主要属性分析

本级耕地位于地形部位有近代河床低阶地、河流一级、二级阶地、山前洪积平原、中低山上、中部坡腰、河流冲积平原的河漫滩。

主要土属有黄土状潮褐土、黄土质石灰性褐土、灌淤石灰性褐土、湿潮土、麻沙质褐土性土、洪积潮土等。

成土母质有冲积物、洪积物、黄土状母质、坡积物。

耕层质地多为沙壤土、轻壤土、轻黏土。质地构型为均质轻壤、均质沙壤、夹黏中壤、夹沙轻壤、均质沙土、夹沙中壤。

灌溉保证率为差，大部分耕地保证不了灌溉，地面基本平坦，地面坡度在2°～5°，但园田化水平高。有效土层厚度为75～150厘米，平均为110厘米，耕层厚度17～30厘米，平均为22.45厘米，本级土壤pH为7.77～8.55，平均值为8.19。

本级耕地土壤有平均机质平均含量13.12克/千克，属省四级水平；有效磷平均含量为7.21毫克/千克，属省五级水平；速效钾平均含量为118.93毫克/千克，属省四级水平；全氮平均含量为0.79克/千克，属省四级水平。见表4-4。

表4-4　二级地土壤养分统计

项目	平均值	省级	最大值	最小值	标准差	变异系数	样本数
耕层厚度	22.45	—	17.00	20.00	3.18	0.14	849
pH	8.19	—	8.55	7.77	0.16	0.02	849
有机质	13.12	4	34.25	6.66	2.45	0.19	849
全氮	0.79	4	1.68	0.50	0.10	0.13	849
有效磷	7.21	5	19.06	2.87	1.50	0.21	849
速效钾	118.93	4	214.07	60.80	20.90	0.18	849
缓效钾	656.88	3	1 020.58	450.60	67.96	0.10	849
有效铜	0.87	4	2.40	0.45	0.24	0.28	849
有效锰	8.35	4	15.99	4.91	1.46	0.18	849
有效锌	1.61	2	3.90	0.54	0.92	0.57	849
有效铁	5.9	4	13.00	3.51	1.63	0.28	849
有效硼	0.29	5	0.84	0.06	0.14	0.47	849
有效钼	0.08	6	0.53	0.08	0.02	0.30	849
有效硫	30.11	4	66.73	8.31	13.03	0.43	849

注：1. 2008—2010年测土配方施肥土样分析结果统计。

2. 表中各项单位：有机质、全氮为克/千克，耕层层度为厘米，pH无单位，其他为毫克/千克。

（三）主要存在问题

这一区域，既没有位于县城的中心地带，也没有位于自然资源丰富的山区，经济条件与经济基础相对要差一点。农业投入要比平区高产区差一点，所以，产量低而不稳是这一区域的共性。多年来，靠天吃饭的思想仍在延续，低投入低产出的怪圈一直循环着。而种田的科技含量也相对要少得多，新思想新知识的接受能力相对于平川区要小。

因此，农业生产的主要问题是科技意识淡薄，种田的科技含量小。施肥不科学，重视化肥，轻视有机肥；重视大量元素肥，轻视微量元素肥；重“种地”，轻“养地”，土地干旱缺水，灌溉没有保证，园田化程度低，土壤在侵蚀，土地状况在下降。

但这一区域所处位置宜进行耕地综合生产能力建设，在坡改梯与低产田培肥方面有极大的挖掘潜力。

（四）合理利用

在以后的农业发展中，要在利用上注意用养地相结合，推广测土配方施肥技术，有机肥、化肥、微量元素肥料相结合，促使养分平衡供应，同时，大力发展节水灌溉，扩大灌溉面积，实施保护性农业、促进玉米秸秆还田，增施有机肥，提高土壤有机质含量，改善土壤结构，提高耕地的综合生产能力。

另外，更重要的是要大力开展耕地综合能力建设工程，广泛筹集资金，集中力量进行平地整地、增施有机肥、施用土壤改良剂，改善土壤理化性状，修塄打埂、整修田间道路与排水沟，大力发展灌溉技术，增加灌溉区的面积等，提高耕地的综合水平。

三、三 级 地

（一）面积与分布

灵丘县 12 个乡（镇）都有分布。但以石家田乡所占比例最大，为 31.14%，其次为落水河、东河南镇、武灵镇和赵北乡。本区海拔为 800～1 200 米，面积为 159 467.525 亩，占总耕地面积的 31.14%，在灵丘县是较次的一个级别。

（二）主要属性分析

地形部位：中低山上、中部坡腰，沟谷、梁、峁、坡，沟谷地，近代河床低阶地，山前洪积平原，丘陵低山中、下部及坡麓平坦地，山地、丘陵（中、下）部的缓坡地段（地面有一定的坡度），河流一级、二级阶地等处。

成本母质有：壤质黄土母质、土质洪积物、冲积物、黄土状母质、黄土母质、洪积物、坡积物。

质地构型有：均质轻壤、均质沙壤、夹沙轻壤、均质沙土、夹黏轻壤、夹壤重壤、夹沙重壤、夹黏中壤、夹壤沙壤 9 种类型。

土壤类型：黄土质石灰性褐土、沟淤褐土性土、黄土质褐土性土、冲积潮土、盐化潮土、麻沙质褐土性土。

耕层质地有壤土、沙壤土、轻黏土 3 种。

本级耕地自然条件一般，但耕性良好，质地适中；土层深厚，有效土层厚度为 80～150 厘米以上，平均为 90 厘米以上。耕层厚度为 15～20 厘米，平均为 16.13 厘米。基本没有灌溉条件，地面基本平坦，坡度 5°以上，园田化水平比较好一点。本级的 pH 变化范围为 7.69～8.55，平均值为 8.26。

本级耕地土壤有机质平均含量 11.78 克/千克，属省五级水平；有效磷平均含量为 6.85 毫克/千克，属省三级水平；速效钾平均含量为 105.52 毫克/千克，属省四级水平；全氮平均含量为 0.73 克/千克，属省四级水平。见表 4-5。

本级所在区域，粮食生产水平较高，据调查统计，玉米平均亩产 550 千克以上，杂粮平均亩产 250 千克左右，马铃薯平均亩产 1 200 千克，效益较好。

表 4-5 三级地土壤养分统计

项目	平均值	省级	最大值	最小值	标准差	变异系数	样本数
耕层厚度	16.13	—	15.00	20.00	3.51	0.22	2 533
pH	8.26	—	8.55	7.69	0.15	0.02	2 533
有机质	11.78	4	34.25	5.67	3.77	0.32	2 533
全氮	0.73	5	2.48	0.43	0.16	0.22	2 533
有效磷	6.85	5	23.73	1.81	2.95	0.43	2 533
速效钾	105.52	4	250.00	54.27	32.19	0.31	2 533
缓效钾	661.47	3	1 199.95	384.20	97.40	0.15	2 533
有效铜	0.88	4	2.47	0.37	0.24	0.28	2 533
有效锰	8.91	4	18.28	3.32	2.07	0.23	2 533
有效锌	1.23	3	3.80	0.32	0.61	0.50	2 533
有效铁	6.95	4	22.01	2.50	2.54	0.37	2 533
有效硼	0.41	5	1.00	0.06	0.23	0.57	2 533
有效钼	0.08	6	0.29	0.08	0.01	0.12	2 533
有效硫	25.12	4	80.04	7.08	12.86	0.51	2 533

注：1. 2007—2009 年测土配方施肥土样分析结果统计。

2. 表中各项单位：有机质、全氮为克/千克，耕层层度为厘米，pH 无单位，其他为毫克/千克。

（三）主要存在问题

一是土壤养分不平衡，部分区域重视氮肥轻视磷肥，致使土壤速效磷含量很低，只有 6.85 毫克/千克，影响作物的正常生长；二是土体构型不良，表现为沙、黏不均等土体构型，影响作物根系发育和土壤的通透性，表层质地为沙壤和沙土的土壤占有一定的比例，土壤保肥保水性不强，限制了作物产量的进一步提高；三是土壤有效硼、钼含量较低，有效钼含量为全省六级水平，这也是造成灵丘县玉米主产区产量多年徘徊不前的主要原因。四是干旱缺水，灵丘县历来有“十年九春旱”的说法，因此，在这个区域，春旱不能及时播种也是制约当地农业生产发展的一个主要原因。

（四）合理利用

首先，大力推广普及平衡施肥技术和其他农业科学技术，向广大农民讲解先进的栽培技术，如选用优种、科学管理，科学施肥的原理和配方施肥的好处，加强土壤养分测试，根据土壤养分状况，向农民提供科学的施肥配方，推广使用作物专用肥和三元、多元素复合肥。其次，对表层质地较粗、保蓄能力较差的地块，应施入较多的有机肥、泥炭，实施秸秆还田或过腹还田，有条件的地方可进行客土改良，促进土壤结构的改善，增加土壤阳离子代换能力。再次，推广应用保护性农业技术，少耕穴灌、免耕覆盖，秸秆还田等，逐渐恢复地力，改善土壤的理化性状，并控制水土流失，减少地表径流，保护农业环境。

四、四 级 地

（一）面积与分布

四级地是灵丘县的主要耕地，面积197 952.89亩，占总耕地面积的38.66%，分布在灵丘县的大部分乡（镇）。其中在柳科乡分布最多，占此类耕地的18.19%，其次为赵北乡与东河南乡，分别占12.40%、11.83%，下关乡所占比例最少，为2.04%。

海拔1 100～1 300米，大部属低山丘陵的坡耕地、低产梯田、坡梁地。

（二）主要属性分析

该土地分布范围较大，土壤类型复杂，土属主要有以下几种：灰泥质褐土性土、黄土质褐土性土、黄土状潮褐土、沟淤褐土性土、洪积潮土、冲积潮土、沙泥质褐土性土、麻沙质褐土性土、灰泥质褐土性土、黄土质淋溶褐土、沟淤褐土性土、洪积褐土性土。

所处地形部位为：山地、丘陵（中、下）部的缓坡地段（有一定的坡度），谷、梁、峁、坡，近代河床低阶地，沟谷地，河流冲积平原的河漫滩，中低山上、中部坡腰，洪积扇上部，山前洪积平原等8种地形部位。

成土母质有：黄土母质、坡积物、壤质黄土母质（物理黏粒含量35%～45%）、冲积物、洪积物、砾质洪积物（砾石占剖面30%以上）、黄土状母质（物理黏粒含量>45%）、土质洪积物（砾石占剖面1%～30%）8种。

耕层质地种类少，只有沙壤土、轻壤土、轻黏土3种。但质地构型复杂多变，有沙身轻壤、夹黏中壤、夹沙重壤、夹黏轻壤、壤底沙土、均质轻壤、均质沙壤、夹壤重壤、夹沙轻壤、均质沙土、夹壤沙土、夹壤沙壤、夹沙中壤等多种。

有效土层厚度为50～120厘米，平均为90厘米，耕层厚度平均为16～30厘米平均为16.93厘米。不具备任何灌溉条件，园田化水平较低。地面坡度幅度在5°～10°。

本级土壤pH在7.69～8.63，平均为8.31。耕地土壤有机质平均含量11.51克/千克，属省四级水平；有效磷平均含量为7.21毫克/千克，属省五级水平；速效钾平均含量为118.93毫克/千克，属省四级水平；全氮平均含量为0.79克/千克，属省四级水平；有效硼平均含量为0.48克/千克，属省五级水平；有效铁为7.84毫克/千克，属省四级水平；有效锌为1.32克/千克，属省三级水平；有效锰平均含量为9.65毫克/千克，有效硫平均含量为20.96毫克/千克，有效钼平均含量为0.08毫克/千克。见表4-6。

表4-6 四级地土壤养分统计

项目	平均值	省级	最大值	最小值	标准差	变异系数	样本数
耕层厚度	16.93	—	30.00	16.00	8.41	0.50	3 760
pH	8.31	—	8.63	7.69	0.13	0.02	3 760
有机质	11.51	4	35.90	5.34	4.19	0.36	3 760
全氮	0.79	4	1.82	0.43	0.19	0.24	3 760
有效磷	7.21	5	24.06	1.81	2.85	0.40	3 760
速效钾	118.93	4	246.74	57.53	33.04	0.28	3 760

（续）

项目	平均值	省级	最大值	最小值	标准差	变异系数	样本数
缓效钾	679.25	3	1 199.95	367.60	118.16	0.17	3 760
有效铜	1.01	3	3.19	0.29	0.31	0.31	3 760
有效锰	9.65	4	17.95	3.32	2.22	0.23	3 760
有效锌	1.32	3	4.00	0.31	0.56	0.43	3 760
有效铁	7.84	4	20.68	2.36	2.60	0.33	3 760
有效硼	0.48	5	1.00	0.06	0.21	0.45	3 760
有效钼	0.08	6	0.31	0.08	0.01	0.15	3 760
有效硫	20.96	5	66.73	4.62	9.98	0.48	3 760

注：1. 2008—2010 年测土配方施肥土样分析结果统计。
2. 表中各项单位：有机质、全氮为克/千克，耕层层度为厘米，pH 无单位，其他为毫克/千克。

本级耕地种植作物种类较多，玉米、谷黍、瓜类、马铃薯、豆类等，但产量低而不稳。玉米亩产 350～550 千克，谷黍亩产 200～300 千克，瓜类亩产 2 000～3 500 千克，粮食作物 250～400 元，西瓜 600～1 000 元。

（三）主要存在问题

一是土壤存在不同程度的水土流失现象，养分易流失，影响土壤培肥；二是灌溉保证率低，大多数地块没有灌溉条件，干旱成为最大的限制因素，尤其是春天，由于干旱引发播种困难，不能及时播种，作物延迟播种，易遇早霜危害，引起减产，甚至绝收；三是耕地整体状况相对较差，地块零碎，梯田水平差，或梯田多是年久失修，水土流失严重；四是土体构型不良，部分低山土壤有效土层厚度小于 50 厘米，洪积扇上部，分选性差，表层和心土层砾石含量较多，甚至出现砾石层，土壤漏水漏肥，影响土壤的培肥。

（四）合理利用

针对该区土壤的主要障碍因素，第一，发展节水灌溉农业，如平田整地、修建防渗渠、地下管灌等，减轻干旱的危害。第二，搞好水土保持，减少土壤侵蚀和养分流失。第三，提高耕地综合生产能力，开源节流，吸引资金，建设农田，平田整地、整修地埂、建设生物埂、控制水土流失。整修田间路，修筑排水沟壑，合理排出田间水，控制过分的降雨对耕地的冲洗与浸透。对新修梯田与进行过平田整地的地块进行土壤熟化，亩施硫酸亚铁 50～100 千克，用以熟化土壤，促进土壤营养物质的快速释放，力争动土地块当年不减产。第四，注重土壤培肥，深耕增厚活土层，增施有机肥，提高土壤有机质含量和保蓄水肥的能力，改良土壤理化性状。第五，进行科学施肥、测土施肥，改进施肥方法，合理有效施用各种肥料，提高化肥利用率和施肥的经济效益。推广旱作农业技术，免耕少耕、多中耕、修建积雨设施、秋雨春用，推广玉米穴灌覆膜技术等。

五、五 级 地

（一）面积与分布

五级地在灵丘县耕地中所占比例较少，面积 40 303 亩，占总耕地面积的 7.87%。主要分布中低山上、中部坡腰及顶部，大部分位于南部山区，在下关乡分布最多，占本类耕地的19.62%；其次为独峪乡与原银厂乡（现属东河南镇），分别占本类耕地的15.99%、15.17%；再次为上寨镇与史庄乡，分别占本类耕地的12.58%、10.25%，柳科乡、白崖台乡与武灵镇的南部也有一些分布，在赵北乡、红石塄乡、落水河乡仅有零星分布。

（二）主要属性分析

该区域为丘陵山区，主要位于中低山上、中部坡腰和中低山顶部。成土母质有坡积物和残积物2种。土壤类型有麻沙质淋溶褐土、黄土质淋溶褐土、黄土质山地草原草甸土、沙泥质淋溶褐土、灰泥质淋溶褐土。耕层质地有沙壤土、轻壤土、轻黏土3种。土壤质地构型有均质沙土、夹壤沙土、沙身轻壤3种。

有效土层厚度为40～120厘米，平均为80厘米。耕层厚度为15～40厘米，平均为16.93厘米，地面坡度15°以上，pH为7.77～8.48，平均为8.27。

本级耕地土壤有机质平均含量10.81克/千克，属省四级水平，比全县平均水平低1.203克/千克；全氮平均含量为0.68克/千克，属省五级水平，比全县平均水平低0.06克/千克；有效磷平均含量为7.69毫克/千克，高于全县平均水平0.971毫克/千克，速效钾平均含量为96.9毫克/千克，比全县平均水平低8.02克/千克；有效硫平均含量20.76克/千克；有效锰平均含量为10.48克/千克；有效铁平均含量为9.18克/千克。见表4-7。

表4-7　五级地土壤养分统计

项目	平均值	省级	最大值	最小值	标准差	变异系数	样本数
耕层厚度	16.93	—	15.00	40.00	8.56	0.51	920
pH	8.27	—	8.48	7.77	0.11	0.01	920
有机质	10.81	4	36.56	6.99	5.22	0.48	920
全氮	0.68	5	2.02	0.48	0.23	0.34	920
有效磷	7.69	5	18.73	2.08	2.49	0.32	920
速效钾	96.90	4	250.00	57.53	33.21	0.25	920
缓效钾	766.48	3	1 220.93	434.00	130.18	0.17	920
有效铜	1.09	3	2.30	0.50	0.27	0.25	920
有效锰	10.48	4	17.62	3.32	2.21	0.21	920
有效锌	1.45	3	3.41	0.36	0.53	0.36	920
有效铁	9.18	4	20.00	3.80	2.37	0.26	920
有效硼	0.49	5	0.84	0.12	0.19	0.39	920
有效钼	0.09	6	0.22	0.08	0.02	0.18	920
有效硫	20.76	5	76.71	5.85	9.37	0.45	920

注：1.2008—2010年测土配方施肥土样分析结果统计。

2.表中各项单位：有机质、全氮为克/千克，耕层层度为厘米，pH无单位，其他为毫克/千克。

该级地种植作物以玉米、谷黍、马铃薯、豆类、谷黍子、莜麦等杂粮为主等。据调查统计，平均亩产100千克左右。长期以来，产量低不稳，抗拒自然灾害的能力极差，是典型的“靠天吃饭”的口粮田。

（三）主要存在问题

总体来说，南部山区的地块零散，面积小，坡地多，坡度大，极易发生水土流失，土壤养分损失严重，带来土壤的贫瘠化。同时也不太适宜大规模的机械化作业。另外，干旱、瘠薄也是本级耕地的最大限制因素，降水稀少且不平衡是农业生产的最大障碍，难以与作物的需水要求相吻合，不能满足作物正常生长的需求。

土壤母质多为残积物与坡积物，地下水补给困难，加上气候干旱，作物产量受自然降雨影响大。

在农业生产中，施肥不科学现象较为普通，重化肥轻有机肥，重氮肥轻磷钾、微肥现象较为严重，施肥方法不科学，肥料利用率不高，浪费现象严重。

（四）合理利用

在南部山区，由于地块零散，建议对不适宜耕作、宜林宜牧的农田进行退耕还林、还草，发展畜牧业，种植经济林，如核桃、花椒等增加农民收入。特别是障碍层次较厚、埋藏浅、又难以改造的地块，丘陵区，或离村较远、地形起伏较大、侵蚀较重的地块，包括沟坡、沟边、沟底等，建议全部实施退耕还林、还牧，或种植中药材、经济林等。以改善生态环境，发展多种农业经营，广开渠道，增加农民收入。

对河道两岸的河滩地，通过修筑防洪堤坝保护基本农田，实施平整土地、深耕改土，增施有机肥，培肥基本农田，发展高产稳产农田。同时，提倡精耕细作，增加耕地投入，增施化肥、氮磷配合，科学施肥、合理施肥，增产增收。

对一部分地广人稀的地区，以提高土壤肥力为中心，种植绿肥牧草、粮草间作、粮草轮作，发展畜牧业，增加有机肥的施用，培肥地力，建设高产稳产农田。

第五章　中低产田类型分布及改良利用

第一节　中低产田类型及分布

中低产田是指在土壤中存在一种或多种制约农业生产的障碍因素，导致产量相对低而不稳定的耕地。

通过对灵丘县耕地地力状况的调查，根据土壤主导障碍因素的分析，决定土壤改良的主攻方向。依据农业部发布的行业标准 NY/T 310—1996，灵丘县中低产田包括有 2 种类型：坡地梯改型、瘠薄培肥型。中低产田面积为 408 313.9 亩，占总耕地面积的 79.75%。各类型面积情况统计见表 5-1。

表 5-1　灵丘县中低产田各类型面积情况统计

类　型	面积（亩）	占总耕地面积（%）	占中低产田面积（%）
高产田	103 705.08	20.25	—
瘠薄培肥型	297 112.64	58.03	72.77
坡地梯改型	111 201.27	21.72	27.23
合　　计	512 018.99	100	100

一、坡地梯改型

坡地梯改型是指主导障碍因素为土壤侵蚀，以及与其相关的地形，地面坡度、土体厚度、土体构型与物质组成，耕作熟化层厚度与熟化程度等，需要通过修筑梯田埂等田间水保工程加以改良治理的坡耕地。

灵丘县坡地梯改型中低产田面积为 11.12 万亩，占总耕地面积的 21.72%。主要分布于北部黄土丘陵区和南部土石山区各乡（镇），中部平川区各乡（镇）的山区部分也有分布。

二、瘠薄培肥型

瘠薄培肥型是指受气候、地形条件限制，造成干旱、缺水、土壤养分含量低、结构不良、投肥不足、产量低于当地高产农田，只能通过连年深耕、培肥土壤、改革耕作制度、推广旱作农业技术等长期性的措施逐步加以改良的耕地。

灵丘县瘠薄培肥型中低产田面积为 29.7 万亩，占总耕地面积的 58.03%，是全县中低产田的主要类型，面较大、分布广。分布于灵丘县北部的黄土丘陵区和南部土石山区的乡（镇）。

第二节　生产性能及存在问题

一、坡地梯改型

该类型区地形坡度大于 10°，以中度侵蚀为主，园田化水平较低，土壤类型为褐土、栗褐土，母质为残积物、坡积物，耕层质地为轻壤、中壤、沙壤，有效土层厚度大于 100 厘米，耕层厚度为 15～20 厘米。坡地梯改型耕地面积只有 390.67 亩的国家五级地、本县的一级地，1 704.71 亩国家六级、本县二级地，6 090.18 亩国家七级地，89 267.09 亩国家八级地，占本类耕地的 80.28%，13 748.62 亩国家九级地。见表 5－2。

表 5－2　坡地梯改型耕地统计

等级	国家等	面积（亩）	所占比例（%）
1	5	390.67	0.35
2	6	1 704.71	1.53
3	7	6 090.18	5.48
4	8	89 267.09	80.28
5	9	13 748.62	12.36
合 计		111 201.27	100

坡地梯改型耕地的土壤化验数据见表 5－3。

表 5－3　坡地梯改型耕地的土壤化验数据

项　目	平均值	最大值	最小值	标准差	变异系数	样本数
pH	8.32	8.63	7.85	0.10	0.01	1 882
有机质	13.54	31.28	5.67	4.55	0.34	1 882
全　氮	0.81	2.02	0.50	0.20	0.25	1 882
有效磷	7.24	20.76	2.08	2.68	0.37	1 882
速效钾	126.61	223.87	54.27	32.59	0.26	1 882
缓效钾	685.33	1 199.95	417.40	120.67	0.18	1 882
有效铜	1.08	3.19	0.47	0.31	0.29	1 882
有效锰	9.71	15.66	3.32	2.04	0.21	1 882
有效锌	1.27	3.61	0.31	0.49	0.38	1 882
有效铁	7.87	20.68	3.74	2.12	0.27	1 882
有效硼	0.51	1.00	0.06	0.20	0.40	1 882
有效钼	0.09	0.31	0.08	0.02	0.20	1 882
有效硫	21.04	63.41	7.08	9.97	0.47	1 882

这类坡耕地是水土流失的易发地，坡耕地不仅单产低，而且随着土壤中氮、磷、钾等

有机质的不断流失，其地力会持续下降。

二、瘠薄培肥型

该类型区域土壤轻度侵蚀或中度侵蚀，多数为旱耕地，高水平梯田和缓坡梯田居多，土壤类型为褐土、栗褐土，母质为残积物、坡积物、黄土母质等，各种地形、各种质地均有，有效土层厚度大于 80 厘米，耕层厚度 10～15 厘米。地力等级 51.62%为本县三级地、国家七级地，36.58%为本县四级地、国家八级地。见表 5-4。

表 5-4　瘠薄培肥型耕地统计

本地等级	国家等级	面积（亩）	所占比例（%）
1	5	755.38	0.25
2	6	7 739.74	2.60
3	7	153 377.34	51.62
4	8	108 685.80	36.58
5	9	26 554.38	8.94
合计		297 112.64	100

瘠薄培肥型耕地的土壤化验数据见表 5-5。

表 5-5　瘠薄培肥型耕地的土壤化验数据

项　目	平均值	最大值	最小值	标准差	变异系数	样本数
pH	8.27	8.63	7.69	0.14	0.02	5 536
有机质	12.90	36.56	5.34	4.38	0.34	5 536
全　氮	0.78	2.48	0.43	0.19	0.25	5 536
有效磷	7.09	24.06	1.81	2.88	0.41	5 536
速效钾	111.67	250	54.27	33.28	0.30	5 536
缓效钾	683.25	1 220.93	367.60	115.45	0.17	5 536
有效铜	0.94	3.06	0.29	0.28	0.30	5 536
有效锰	9.39	18.28	3.32	2.27	0.24	5 536
有效锌	1.32	4.00	0.32	0.61	0.46	5 536
有效铁	7.59	22.01	2.36	2.78	0.37	5 536
有效硼	0.43	1	0.06	0.22	0.51	5 536
有效钼	0.08	0.29	0.08	0.01	0.12	5 536
有效硫	22.85	80.04	4.62	11.57	0.51	5 536

此类耕地存在的主要问题是田面不平，水土流失严重，土层薄、特别是耕层薄，干旱缺水，土质粗劣，肥力较差。

第三节　改良利用措施

灵丘县中低产田面积 408 313.9 亩，占现有耕地的 79.75%。严重影响全县农业生产的发展和农业经济效益，应因地制宜进行改良。

总体上讲，中低产田的改良、耕作、培肥是一项长期而艰巨的任务。通过工程、生物、农艺、化学等综合措施，消除或减轻中低产田土壤限制农业产量提高的各种障碍因素，提高耕地基础地力，其中培肥对中低产田的改良效果是极其显著的。具体措施如下：

1. 增施有机肥　力争使有机肥的施用量达到每年 3 000～5 000 千克/亩，部分畜牧业发展较好的山区，可以加大施用有机肥力度。同时，要广辟肥源，堆沤肥、牲畜粪肥、土杂肥一齐上。在有条件的地方，特别是玉米种植区，应大力推广秸秆粉碎还田、直接还田技术，每亩秸秆还田量达到 300～500 千克以上。还可采用“过腹还田”，形成作物秸秆、畜牧业、有机肥的良性循环，大力发展环境农业、生态农业。使土壤有机质得到持续提高，土壤理化性状得到改善。

2. 校正施肥　依据当地土壤实际情况和作物需肥规律选用合理配比，有效控制化肥不合理施用对土壤性状的影响，达到提高农产品品质的目的。

（1）科学配比，稳氮增磷适施钾：在现有氮肥使用量的基础上，适当控制基肥的使用量，增加追肥使用量。灵丘县中低产田质地以沙壤、轻沙壤为主，追施肥原则应遵循少量多次的原则，有利于提高氮肥利用率，减少损失。在磷肥使用上，应适当增加磷肥用量，力争氮磷使用比例达到 1∶（0.5～0.6）。

（2）因地制宜，施用钾肥：加大钾肥施用的宣传工作，因地制宜施用钾肥，特别是对马铃薯、蔬菜，要大力提倡施用钾肥。

定期监测土壤中钾的动态变化，及时补充钾素。本区土壤中钾的含量总体上能满足作物的生长，但在局部地域土壤有效钾已不能满足作物生长，近几年，在马铃薯、蔬菜施钾试验，均表现增产。在使用方法上，应以沟施、穴施为主。

（3）平衡养分，巧施微肥：全县土壤锌含量偏低，可以通过基施、拌种、叶面喷施等方法施用。作物对微量元素肥料需要量虽然很少，但能提高产品产量和品质，有着其他大量元素不可替代的作用。因此，应注重微肥的使用。过去几年，灵丘县通过玉米施锌、马铃薯施钾试验，增产效果均很明显，并取得不少成功经验。

针对不同的中低产田类型，在改良利用中应具有针对性，采取相应的改造技术措施。根据土壤主导障碍因素及主攻方向，灵丘县中低产田改造技术现分述如下：

一、坡地梯改型中低产田的改良利用

1. 梯田工程　针对灵丘县北部的黄土丘陵沟壑区和南部土石山区，由于植被稀少，严重的水土流失使耕地表层熟土被冲走，有机质下降。但这类地区深厚的黄土层为修建水平梯田创造了条件。修筑梯田一般应坚持“里切外垫、生土搬家、死土深翻、活土还原”的原则。具体可采用缓坡修梯田，陡坡种林，增加地面覆盖度。修筑梯田，可以使地面平

整，水土流失得到有效的控制，土壤理化性状明显改善。使作物立地条件得到改变，有利于作物生长发育及产量的提高。将跑土、跑水、跑肥的“三跑”坡地，变成保土、保水、保肥的“三保”梯田是这一区域耕地综合生产能力建设的重点。

2. 增加梯田耕作层及熟化度 新建梯田的耕作层厚度相对较薄，熟化程度较低。耕作层厚度及生土熟化是这类田地改良的关键。新修梯田秋季要深耕 2 次，深度达 25 厘米以上，同时施入有机肥，每亩施用有机肥 3 000～5 000 千克。次年春季在土壤解冻后，浅耕 1 次，耙耱 2 次。结合深耕施入硫酸亚铁，每亩 50～100 千克，促进生土熟化，提高土壤肥力，力争新修梯田不减产。有条件的地方可以每亩增施 1 000～2 000 千克风化煤或泥炭，耕翻入土，利于土壤熟化。

3. 农、林、牧并重 此类耕地今后的利用方向是发展种草、植树，扩大林地和草地面积，促进养殖业发展，将生态效益和经济效益结合起来，如实行农（果）林复合农业。农、林、牧并重，因地制宜，全面发展，以农促牧，以牧养农，农林结合，共同发展，追求生态、经济效益并存，和谐发展。

二、瘠薄培肥型中低产田的改良利用

灵丘县瘠薄型耕地多为旱耕地、缓坡地和高水平梯田，这类耕地有机质含量少，耕层薄，水资源匮乏，改良原则以培肥为主、种养结合。

1. 培肥地力，增加有机肥和化肥的投入 坚持以有机肥为主，化肥为辅的原则，提高土壤肥力，改善土壤理化性状。实行粮草轮作、粮（绿）肥轮作，实施绿肥压青、轮作休耕、种养结合，充分利用秸秆资源，大力推广秸秆还田技术，有条件地方秸秆粉碎还田，直接还田、畜牧业发达地区利用牲畜进行过腹还田，最大限度提高土壤有机质，改善土壤理化性状。

2. 建设基本农田，实行集约经营 以平整土地，蓄水保墒为中心，营造土壤水库，选择土地相对平整、土层较厚、质地适中、土体构型良好的耕地作为基本农田，集中人力、物力、财力，集中较多的有机肥、化肥，进行重点培肥、集约经营，用 3～5 年的时间，使其成为中产田、高产田，成为农民的口粮田、饲料田，实现藏粮于田的目标。其他瘠薄型耕地可作为牧草地，逐渐走农牧业相结合的道路，畜牧业的发展，又为基本农田提供更多的有机肥源，促进其肥力的提高。同时有条件，地广人稀的地区，可以施行草田轮作，促进畜牧业的发展，同时也可提高土壤肥力，实现可持续发展。

3. 推广保护性耕作技术 大力推广少耕、免耕技术，在平川区推广地膜覆盖、生物覆盖等技术；山地、丘陵推广丰产沟、丰产梁覆盖等旱作节水技术，充分利用天然降水，满足作物需求，提高作物产量。

4. 建设小杂粮基地 兼顾生态效益和经济效益，大力发展具有地域特色的农产品，扩大耐瘠薄干旱作物的种植面积，如豆类、谷黍、绿豆、荞麦等小杂粮，加快小杂粮基地建设，推动灵丘县杂粮产业的发展。

第六章　耕地地力评价与测土配方施肥

第一节　测土配方施肥的原理与方法

一、测土配方施肥的含义

测土配方施肥是以肥料田间试验、土壤测试为基础，根据作物需肥规律、土壤供肥性能和肥料效应，在合理施用有机肥料的基础上，提出氮、磷、钾及中、微量元素等肥料的施用品种、数量、施肥时期和施用方法。通俗地讲，就是在农业科技人员指导下科学施用配方肥。测土配方施肥技术的核心是调整和解决作物需肥与土壤供肥之间的矛盾。同时有针对性地补充作物所需的营养元素，作物缺什么元素就补充什么元素，需要多少补充多少，实现各种养分供应平衡，满足作物生长的需要。达到增加作物产量、改善农产品品质、节省劳力、节支增收的目的。

二、应用前景

土壤有效养分是作物营养的主要来源，施肥是补充和调节土壤养分数量与补充作物营养最有效手段之一。作物因其种类、品种、生物学特性、气候条件以及农艺措施等诸多因素的影响，其需肥规律差异较大。因此，及时了解不同作物种植土壤中的土壤养分变化情况，对于指导科学施肥具有广阔的发展前景。

测土配方施肥是一项应用性很强的农业科学技术，在农业生产中大力推广应用，对促进农业增效、农民增收具有十分重要的作用。通过测土配方施肥的实施，能达到5个目标：一是节肥增产：在合理施用有机肥的基础上，提出合理的化肥投入量，调整养分配比，使作物产量在原有基础上能最大限度地发挥其增产潜能；二是提高产品品质：通过田间试验和土壤养分化验，在掌握土壤供肥状况，优化化肥投入的前提下，科学调控作物所需养分的供应，实现改善农产品品质的目标；三是提高肥效：在准确掌握土壤供肥特性，作物需肥规律和肥料利用率的基础上，合理设计肥料配方，从而达到提高产投比和增加施肥效益的目的；四是培肥改土：实施测土配方施肥必须坚持用地与养地相结合、有机肥与无机肥相结合，在逐年提高作物产量的基础上，不断改善土壤的理化性状，达到培肥和改良土壤，提高土壤肥力和耕地综合生产能力，实现农业可持续发展的目的；五是生态环保：实施测土配方施肥，可有效地控制化肥特别是氮肥的投入量，提高肥料利用率，减少肥料的面源污染，避免因施肥引起的富营养化，实现农业高产和生态环保相协调的目标。

三、测土配方施肥的依据

（一）土壤肥力是决定作物产量的基础

土壤肥力是土壤的基本属性和质的特征，是土壤从养分条件和环境条件方面，供应和协调作物生长的能力。土壤肥力是土壤的物理、化学、生物学性质的综合反映，是土壤诸多因子共同作用的结果。农业科学家通过大量的田间试验和示踪元素的测定证明，作物产量的构成，有40%～80%的养分吸收自土壤。养分吸收自土壤比例的大小和土壤肥力的高低有着密切的关系，土壤肥力越高，作物吸自土壤养分的比例就越大，相反，土壤肥力越低，作物吸自土壤的养分越少，那么肥料的增产效应相对增大，但土壤肥力低，绝对产量也低。要提高作物产量，首先要提高土壤肥力，而不是依靠增加肥料。因此，土壤肥力是决定作物产量的基础。

（二）有机与无机相结合、大中微量元素相配合

用地和养地相结合是测土配方施肥的主要原则，实施配方施肥必须以有机肥为基础，土壤有机质含量是土壤肥力的重要指标。增施有机肥可以增加土壤有机质含量，改善土壤理化性状，提高土壤保水保肥性能，增强土壤活性，促进化肥利用率的提高，各种营养元素的配合才能获得高产稳产。要使作物——土壤——肥料形成物质和能量的良性循环，必须坚持用养结合，投入产出相对平衡，保证土壤肥力的逐步提高，达到农业的可持续发展。

（三）测土配方施肥的理论依据

测土配方施肥是以养分归还学说、最小养分律、同等重要律、不可代替律、肥料效应报酬递减律和因子综合作用律等为理论依据，以确定不同养分的施肥总量和肥料配比为主要内容。同时注意良种良法、田间管护等影响肥效的诸多因素，形成了测土配方施肥的综合资源管理体系。

1. 养分归还学说 作物产量的形成有40%～80%的养分来自土壤。但不能把土壤看作一个取之不尽、用之不竭的“养分库”。为保证土壤有足够的养分供应容量和强度，保证土壤养分的携出与输入的平衡，必须通过施肥这一措施来实现。依靠施肥，可以把作物吸收的养分“归还”土壤，确保持续的土壤肥力。

2. 最小养分律 作物生长发育需要吸收各种养分，但严重影响作物生长，限制作物产量的是土壤中那种相对含量最小的养分因素，也就是最缺的那种养分。如果忽视这个最小养分，即使继续增加其他养分，作物产量也难以提高。只有增加最小养分的量，产量才能相应提高。经济合理的施肥是将作物所缺的各种养分同时按作物所需比例相应提高，作物才会优质高产。

3. 同等重要律 对作物来讲，不论大量元素或微量元素，都是同样重要的，缺一不可的。即使缺少某一种微量元素，尽管它的需要量很少，仍会因影响作物的某种生理功能而导致减产。微量元素和大量元素同等重要，不能因为需要量少而忽略。

4. 不可替代律 作物需要的各种营养元素，在作物体内都有一定的功效，相互之间不能替代，缺少什么营养元素，就必须施用含有该元素的肥料进行补充，不能互相替代。

5. 肥料效应报酬　随着投入的单位劳动和资本量的增加，报酬的增加却在减少，当施肥量超过适量时，作物产量与施肥量之间单位施肥量的增产会呈递减趋势。

6. 因子综合作用律　作物产量的高低是由影响作物生长发育的诸多因素综合作用的结果，但其中必有一个起主导作用的限制因子，产量在一定程度上受该限制因素的制约。为了充分发挥肥料的增产作用和提高肥料的经济效益，一方面，施肥措施必须与其他农业技术措施相结合，发挥作物生产体系的综合功能；另一方面，各种养分之间的配合施用，也是提高肥效不可忽视的问题。

四、测土配方施肥确定施肥量的基本方法

（一）土壤与植物测试推荐施肥方法

该技术综合了目标产量法、养分丰缺指标法和作物营养诊断法的优点。对于大田作物，在综合考虑有机肥、作物秸秆应用和管理措施的基础上，根据氮、磷、钾和中、微量元素养分的不同特征，采取不同的养分优化调控与管理策略。其中，氮肥推荐根据土壤供氮状况和作物需氮量，进行实时动态监测和精确调控，包括基肥和追肥的调控；磷、钾肥通过土壤测试和养分平衡进行监控；中、微量元素采用因缺补缺的矫正施肥策略。该技术包括氮素实时监控、磷钾养分恒量监控和中、微量元素养分矫正施肥技术。

1. 氮素实时监控施肥技术（养分平稳法）　根据不同土壤、不同作物、不同目标产量确定作物需氮量，以需氮量的 30%～60%作为基肥用量。具体基施比例根据土壤全氮含量，同时参照当地丰缺指标来确定。一般在全氮含量偏低时，采用需氮量的50%～60%作为基肥；在全氮含量居中时，采用需氮量的 40%～50%作为基肥；在全氮含量偏高时，采用需氮量的 30%～40%作为基肥。30%～60%基肥比例可根据上述方法确定，并通过“3414”田间试验进行校验，建立当地不同作物的施肥指标体系。有条件的地区可在播种前对 0～20 厘米土壤无机氮进行监测，调节基肥用量。

$$\text{基肥用量（千克/亩）}=\frac{\text{（目标产量需氮量}-\text{土壤无机氮）}\times\text{（30\%～60\%）}}{\text{肥料中养分含量}\times\text{肥料当季利用率}}$$

其中：土壤无机氮（千克/亩）＝土壤无机氮测试值（毫克/千克）×0.15×校正系数

氮肥追肥用量推荐以作物关键生育期的营养状况诊断或土壤硝态氮的测试为依据，这是实现氮肥准确推荐的关键环节，也是控制过量施氮或施氮不足、提高氮肥利用率和减少损失的重要措施。测试项目主要是土壤全氮含量、土壤硝态氮含量、玉米最新展开叶叶脉中部硝酸盐浓度等。

2. 磷钾养分恒量监控施肥技术　根据土壤有（速）效磷、钾含量水平，以土壤有（速）效磷、钾养分不成为实现目标产量的限制因子为前提，通过土壤测试和养分平衡监控，使土壤有（速）效磷、钾含量保持在一定范围内。对于磷肥，基本思路是根据土壤有效磷测试结果和养分丰缺指标进行分级，当有效磷水平处在中等偏上时，可以将目标产量需要量（只包括带出田块的收获物）的 100%～110%作为当季磷肥用量；随着有效磷含量的增加，需要减少磷肥用量，直至不施；随着有效磷的降低，需要适当增加磷肥用量，在极缺磷的土壤上，可以施到需要量的 150%～200%。在 2～3 年后再次测土时，根据土

壤有效磷和产量的变化再对磷肥用量进行调整。钾肥首先需要确定施用钾肥是否有效，再参照上面方法确定钾肥用量，但需要考虑有机肥和秸秆还田带入的钾量。一般大田作物磷、钾肥料全部做基肥。

3. 中微量元素养分矫正施肥技术 中、微量元素养分的含量变化幅度大，作物对其需要量也各不相同。主要与土壤特性（尤其是母质）、作物种类和产量水平等有关。矫正施肥就是通过土壤测试，评价土壤中、微量元素养分的丰缺状况，进行有针对性的因缺补缺的施肥。

（二）肥料效应函数法

根据“3414”方案田间试验结果建立当地主要作物的肥料效应函数，直接获得某一区域、某种作物的氮、磷、钾肥料的最佳施用量，为肥料配方和施肥推荐提供科学依据。

（三）土壤养分丰缺指标法

通过土壤养分测试结果和田间肥效试验结果，建立不同作物、不同区域的土壤养分丰缺指标，提供肥料配方。

土壤养分丰缺指标田间试验也可采用“3414”肥料试验的部分实施方案。“3414”方案中的处理1为空白对照（CK），处理6为全肥区（NPK），处理2、4、8为缺素区（即PK、NK和NP）。收获后计算产量，用缺素区产量占全肥区产量的百分数即相对产量的高低来表达土壤养分的丰缺情况。相对产量低于50%的土壤养分为极低；相对产量50%～60%（不含）为低，60%～70%（不含）为较低，70%～80%（不含）为中，80%～90%（不含）为较高，90%（含）以上为高，也可根据当地实际确定分级指标（此为技术报告灵丘的分级）。从而确定适用于某一区域、某种作物的土壤养分丰缺指标及对应的肥料施用数量。对该区域其他田块，通过土壤养分测试，就可以了解土壤养分的丰缺状况，提出相应的推荐施肥量。

（四）养分平衡法

1. 基本原理与计算方法 根据作物目标产量需肥量与土壤供肥量之差计算施肥量，计算公式为：

$$\text{施肥量（千克/亩）}=\frac{\text{目标产量所需养分总量}-\text{土壤供肥量}}{\text{肥料中养分含量}\times\text{肥料当季利用率}}$$

养分平衡法涉及目标产量、作物需肥量、土壤供肥量、肥料利用率和肥料中有效养分含量五大参数。土壤供肥量即为“3414”方案中处理1（CK）的作物养分吸收量。目标产量确定后因土壤供肥量的确定方法不同，形成了地力差减法和土壤有效养分校正系数法两种。

地力差减法 是根据作物目标产量与基础产量之差来计算施肥量的一种方法。其计算公式为：

$$\text{施肥量（千克/亩）}=\frac{\text{（目标产量}-\text{基础产量）}\times\text{单位经济产量养分吸收量}}{\text{肥料中养分含量}\times\text{肥料利用率}}$$

基础产量即为“3414”方案中处理1的产量。

土壤有效养分校正系数法 是通过测定土壤有效养分含量来计算施肥量。其计算公式为：

$$\text{施肥量（千克/亩）}=\frac{\text{作物单位产量养分吸收量}\times\text{目标产量}-\text{土壤测试值}\times 0.15\times\text{土壤有效养分校正系数}}{\text{肥料中养分含量}\times\text{肥料利用率}}$$

2. 有关参数的确定

（1）目标产量：目标产量可采用平均单产法来确定。平均单产法是以施肥区前三年平均单产和年递增率为基础确定目标产量，其计算公式是：

$$\text{目标产量（千克/亩）}=(1+\text{递增率})\times\text{前 3 年平均单产（千克/亩）}$$

一般粮食作物的递增率为10%～15%，露地蔬菜为20%，设施蔬菜为30%。

（2）作物需肥量：通过对正常成熟的农作物全株养分的分析，测定各种作物百千克经济产量所需养分量，乘以目标常量即可获得作物需肥量。作物单位产量养分吸收量情况详见附表。

$$\text{作物目标产量所需养分量（千克）}=\frac{\text{目标产量（千克）}}{100}\times\text{百千克产量所需养分量（千克）}$$

（3）土壤供肥量：土壤供肥量可以通过测定基础产量、土壤有效养分校正系数两种方法估算：

通过基础产量估算（处理 1 产量）：不施肥区作物所吸收的养分量作为土壤供肥量。

$$\text{土壤供肥量（千克）}=\frac{\text{不施养分区农作物产量（千克）}}{100}\times\text{百千克产量所需养分量（千克）}$$

通过土壤有效养分校正系数估算：将土壤有效养分测定值乘一个校正系数，以表达土壤“真实”供肥量。该系数称为土壤有效养分校正系数。

$$\text{土壤有效养分校正系数（\%）}=\frac{\text{缺素区作物地上部分吸收该元素量（千克/亩）}}{\text{该元素土壤测定值（毫克/千克）}\times 0.15}$$

（4）肥料利用率：一般通过差减法来计算：利用施肥区农作物吸收的养分量减去不施肥区农作物吸收的养分量，其差值视为肥料供应的养分量，再除以所用肥料养分量就是肥料利用率。

$$\text{肥料利用率（\%）}=\frac{\text{施肥区农作物吸收养分量（千克/亩）}-\text{缺素区农作物吸收养分量（千克/亩）}}{\text{肥料施用量（千克/亩）}\times\text{肥料中养分含量（\%）}}\times 100$$

上述公式以计算氮肥利用率为例来进一步说明。

施肥区（NPK 区）农作物吸收养分量（千克/亩）：“3414”方案中处理 6 的作物总吸氮量；

缺氮区（PK 区）农作物吸收养分量（千克/亩）：“3414”方案中处理 2 的作物总吸氮量；

肥料施用量（千克/亩）：施用的氮肥肥料用量；

肥料中养分含量（%）：施用的氮肥肥料所标明的含氮量。

如果同时使用了不同品种的氮肥，应计算所用的不同氮肥品种的总氮量。

（5）肥料养分含量：供施肥料包括无机肥料与有机肥料。无机肥料、商品有机肥料含量按其标明量，不标明养分含量的有机肥料养分含量可参照当地不同类型有机肥养分平均含量获得。

第二节 测土配方施肥项目技术内容和实施情况

一、样品采集

灵丘县3年共采集土样5 600个，覆盖全县各个行政村的所有耕地。采样布点根据县土壤图，做好采样规划，确定采样点位→野外工作带上取样工具（土钻、土袋、调查表、标签、GPS定位仪等）→联系村对地块熟悉的农户代表→到采样点位选择有代表性地块→GPS定位仪定位→S型取样→混样→四分法分样→装袋→填写内外标签→填写土样基本情况表的田间调查部分→访问土样点农户填写土样基本情况表其他内容→土样风干→送市土肥站化验→测土配方施肥数据库建设与土壤化验数据分析。

同时根据要求填写300个农户施肥情况调查表。3年累计采样任务是5 600个，全部完成。

二、田间调查

通过3年来对100户农户施肥效果跟踪调查，田间调查除采样表上所有内容外，还调查了该地块前茬作物、产量、施肥水平和灌水情况。同时定期走访农户，了解基肥和追肥的施用时间、施用种类、施用数量；灌水时间、灌水次数、灌水量。基本摸清该调查户作物产量，氮、磷、钾养分投入量和氮、磷、钾比例、肥料成本及效益。完成了测土配方施肥项目要求的300户调查任务。

三、分析化验

土壤和植株测试是测土配方施肥最为重要的技术环节，也是制定肥料配方的重要依据。所有采集的5 600个土壤样品按规定的测试项目进行测试，其中有机质和大量元素5 600个、测试44 800项次；中微量元素2 427个，测试13 440项次。共测试58 240项次，为制定施肥配方和田间试验提供了准确的基础数据。

测试方法简述：

（1）pH：土液比1∶2.5，采用电位法。

（2）有机质：采用油浴加热重铬酸钾氧化容量法。

（3）全氮：采用凯氏蒸馏法。

（4）碱解氮：采用碱解扩散法。

（5）全磷：采用（选测10%的样品）氢氧化钠熔融——钼锑抗比色法。

（6）有效磷：采用碳酸氢钠或氟化铵—盐酸浸提——钼锑抗比色法。

（7）全钾：采用氢氧化钠熔融——火焰光度计或原子吸收分光光度计法。

（8）速效钾：采用乙酸铵提取——火焰光度法。

（9）缓效钾：采用硝酸提取——火焰光度法。

（10）有效硫：采用磷酸盐—乙酸或氯化钙浸提——硫酸钡比浊法。

（11）阳离子交换量：采用（选测10%的样品）EDTA——乙酸铵盐交换法。

（12）有效铜、锌、铁、锰：采用DTPA提取——原子吸收光谱法。

（13）有效钼：采用（选测10%的样品）草酸—草酸铵浸提—极谱法草酸——草酸铵提取、极谱法。

（14）水溶性硼：采用沸水浸提——甲亚胺—H比色法或姜黄素比色法。

四、田间试验

按照山西省土壤肥料工作站制订的“3414”试验方案，围绕玉米、马铃薯安排“3414”试验60个，其中玉米30个，马铃薯30个。并严格按农业部测土配方施肥技术规范要求执行。通过试验初步摸清了主要作物土壤养分校正系数、土壤供肥量、农作物需肥规律和肥料利用率等基本参数。建立了主要作物的氮磷钾肥料效应模型，确定了作物合理施肥品种和数量，基肥、追肥分配比例，最佳施肥时期和施肥方法，建立了施肥指标体系，为配方设计和施肥指导提供了科学依据。

玉米和马铃薯“3414”试验操作规程如下：

根据灵丘县地理位置、肥力水平和产量水平等因素，确定“3414”试验的试验地点→乡镇农技人员或农村科技示范户承担试验→玉米、马铃薯播前召开专题培训会→试验地基础土样采集和调查→地块小区规划→不同处理按照方案施肥→播种→生育期和农事活动调查记载→收获期测产调查→小区植株全株采集→小区土样采集→小区产量汇总→室内考种→试验结果分析汇总→撰写试验报告。在试验中除了要求试验人员严格按照试验操作规程操作，做好有关记载和调查外，县土肥站还在作物生长的关键时期组织专人到各试验点进行检查指导，确保试验成功。

五、配方制定与校正试验

在对土样认真分析化验的基础上，组织有关专家，汇总分析土壤测试和田间试验结果，综合考虑土壤类型、土壤质地、种植结构，分析气象资料和作物需肥规律，针对区域内的主要作物，进行优化设计，提出不同分区的作物肥料配方，其中主体配方8个，科学拟定了5 600个施肥配方。3年间，共安排校正试验46个。

六、配方肥加工与推广

依据配方，以单质、复混肥料为原料，生产或配制配方肥。主要采用两种形式，一是通过配方肥定点生产企业按配方加工生产配方肥，建立肥料营销网络和销售台账，向农民供应配方肥；二是农民按照施肥建议卡所需肥料品种，选用肥料，科学施用。

灵丘县和山西省多家配方肥定点生产企业合作，灵丘县农业委员会提供肥料配方，配方肥公司按照配方生产配方肥，整合县、乡、村三级科技推广网络并和全县肥料经营企业联合，原化肥经营网点和新设点相结合，在每个乡（镇）设置了配方施肥供肥服务站，由肥料经营企业出资，县乡农业技术人员参与服务站的挂牌及销售监督，经营玉米配方肥和其他各类化肥，共同进行配方施肥技术的宣传推广和技术实施。农民既可以直接购买玉米专用肥（玉米配方肥），也可以根据配方施肥卡购买各种单质化肥，进行配合使用，达到配方施肥的效果。由于配方肥推广网络健全、分工明确，灵丘县配方肥推广进展顺利，全县配方肥施用面积累计 30 万亩，取得明显的经济效益和社会效益。

在配方肥推广上，具体做法是：一是大搞技术宣讲，把测土配方施肥、合理用肥、施用配方肥的优越性讲得家喻户晓，人人明白，并散发有关材料；二是全县建立 21 个配方肥供应点及 2 个中心配肥站，由农业委员会统一制作铜牌，挂牌供应；三是在马铃薯、玉米播种季节，农业委员会组织全体技术人员，到各配方肥供应点，指导群众合理配肥，合理施用配方肥；四是搞好配方肥的示范，让事实说话。通过以上措施，有效地推动全县配方肥的应用，并取得明显的经济效益。

七、数据库建设与地力评价

在数据库建设上，按照农业部规定的测土配方施肥数据字典格式建立数据库，以第二次土壤普查、历年土壤肥料田间试验和土壤监测数据资料为基础，收集整理了本次野外调查、田间试验和分析化验数据，委托山西农业大学资源环境学院进行图件制作和建立耕地资源管理信息系统。制作了 1∶50 000 测土配方、耕地土壤 pH、有机质、全氮、有效磷、速效钾、缓效钾、碱解氮、有效硫、有效铁、有效锰、有效钼、有效硼、有效锌等养分分区图；1∶50 000 土地利用现状图；1∶50 000 县级土壤图；1∶50 000 土壤调查点位图。建立起耕地地力评价属性数据库和空间数据库，对县域耕地进行了地力评价与等级划分。同时，开展了田间试验、土壤养分测试、肥料配方、数据处理、专家咨询系统等方面的技术研发工作，不断提升测土配方施肥技术水平。

八、化验室建设与质量控制

灵丘县原有化验室面积 120 平方米，经过扩建改装，现有化验室面积 203 平方米，具备了分室放置仪器、试剂、土样、资料等的条件，达到了测土配方施肥项目的要求，同时对化验室原有仪器设备进行了整理、分类、检修、调试，对化验室进行了重新布置，对电力、给排水管道等进行重新安装。在测土配方施肥项目实施过程中，又补充了缺乏的试剂、仪器等。使灵丘县化验室具备了对土壤、植物、化肥等进行常规分析化验的能力。

通过招标及政府采购方式购置土壤采集、测试仪器设备 32 台（套、件）。新采购仪器有：原子吸收分光光度计、紫外可见分光光度计、火焰光度计、定氮仪、电导率仪、pH 计、纯水设备、恒温培养箱、恒温震荡仪、土壤粉碎机、万分之一电子天平、百分之一电子天平、千分之一电子天平等。

化验室人员配置情况：本单位现有专职化验人员 7 人，其中 1 人山西农大土化专业毕业，3 人多年从事土壤化验工作，其他人也均受过专业培训，满足测土配方施肥项目对化验人员的需要。化验过程严格按照《测土配方施肥技术规范》进行，确保了化验效果。

九、技术推广应用

3 年来制作测土配方施肥建议卡并发放施肥建议卡 13 万份，其中 2008 年 5 万份、2009 年 5 万份、2010 年为 3 万份，并发放到户。发放配方施肥建议卡的具体做法是：一是大村重点村，利用技术培训会进行发放；二是利用发放粮食直补款及良种补助款进行发放；三是利用玉米丰产方项目、玉米高产创建项目、退耕农民科技培训项目等项目发放地膜、化肥时一并发放；四是利用乡村传统庙会进行发放；五是通过乡村农业技术人员和村干部入户发放。确保建议卡全部发放到户。

2008—2010 年，采取灵活多样的培训方式，利用广播、电视、报纸、网络、农村庙会赶集、举办现场会、多媒体教学等宣传手段，开展全方位、立体式的宣传活动，力争做到家喻户晓。举办培训班 50 期，培训技术骨干 900 人次，培训县、乡镇、村组和示范农户 50 000 人次，发放培训资料 60 000 份，布置墙体广告 300 条，科技赶集 150 次，现场会 1 000 人次。另外，利用广播、电视、报纸、网络等媒体头版头条对全县测土配方施肥工作进行了详细的报道，并作了专题讲座，使测土配方施肥技术更加深入民心。

同时，在武灵镇、东河南镇、史庄乡、上寨镇、落水河乡建立万亩测土配方施肥示范区 5 个，千亩施肥示范区 20 个，20～100 亩施肥示范区 76 个。130 个村测土信息和施肥方案上墙公示。通过树立样板，展示测土施肥技术效果，促进测土配方施肥技术的辐射推广，有效地推动了配方肥的应用，取得了良好的经济效益和生态效益。

十、专家系统开发

布置试验、示范，调整改进肥料配方，充实数据库，完善专家咨询系统，探索灵丘县主要农作物测土配方施肥模型，不仅做到缺啥补啥，而且必须保证吃好不浪费，进一步提高肥料利用率，节约肥料，降低成本，满足作物高产优质的需要。

第三节　田间肥效试验及施肥指标体系建立

根据农业部及山西省农业厅测土配方施肥项目实施方案的安排和省土肥站制定的《山西省主要作物“3414”肥料效应田间试验方案》、《山西省主要作物测土配方施肥示范方案》所规定标准，为摸清灵丘县土壤养分校正系数，土壤供肥能力，不同作物养分吸收量和肥料利用率等基本参数；掌握农作物在不同施肥单元的优化施肥量、施肥时期和施肥方法；构建农作物科学施肥模型，为完善测土配方施肥技术指标体系提供科学依据。从 2008 年春播起，在大面积实施测土配方施肥的同时，安排实施了各类试验示范，取得了大量的科学试验数据，为下一步的测土配方施肥工作奠定了良好的基础。

一、测土配方施肥田间试验的目的

田间试验是获得各种作物最佳施肥品种、施肥比例、施肥时期、施肥方法的唯一途径，也是筛选、验证土壤养分测试方法、建立施肥指标体系的基本环节。通过田间试验，掌握各个施肥单元不同作物优化施肥数量，基、追肥分配比例，施肥时期和施肥方法；摸清土壤养分较正系数、土壤供肥能力、不同作物养分吸收量和肥料利用率等基本参数；构建作物施肥模型，为施肥分区和肥料配方设计提供依据。

二、测土配方施肥田间试验方案的设计

（一）田间试验方案设计

按照《规范》的要求，以及山西省农业厅土壤肥料工作站《测土配方施肥实施方案》的规定，根据灵丘县主栽作物为玉米和马铃薯的实际，采用“3414”方案设计（设计方案见表 6 - 1 至表 6 - 4）。“3414”的含义是指氮、磷、钾 3 个因素、4 个水平、14 个处理。4 个水平的含义：0 水平指不施肥；2 水平指当地推荐施肥量；1 水平＝2 水平×0.5；3 水平＝2 水平×1.5（该水平为过量施肥水平）。马铃薯“3414”试验二水平处理的施肥量（千克/亩），N12、P_2O_5 8、K_2O 12，玉米二水平处理的施肥量（千克/亩），N14、P_2O_5 8、K_2O 8，校正试验设配方施肥示范区、常规施肥区、空白对照区 3 个处理，按照山西省土壤肥料工作站示范方案进行。

表 6 - 1 “3414”完全试验设计方案处理编制

试验编号	处理编码	施肥水平		
		N	P	K
1	$N_0P_0K_0$	0	0	0
2	$N_0P_2K_2$	0	2	2
3	$N_1P_2K_2$	1	2	2
4	$N_2P_0K_2$	2	0	2
5	$N_2P_1K_2$	2	1	2
6	$N_2P_2K_2$	2	2	2
7	$N_2P_3K_2$	2	3	2
8	$N_2P_2K_0$	2	2	0
9	$N_2P_2K_1$	2	2	1
10	$N_2P_2K_3$	2	2	3
11	$N_3P_2K_2$	3	2	2
12	$N_1P_1K_2$	1	1	2
13	$N_1P_2K_1$	1	2	1
14	$N_2P_1K_1$	2	1	1

表 6-2 氮磷二元二次肥料试验设计与“3414”方案处理编号对应

处理编号	“3414”方案处理编号	处理编码	N	P	K
1	1	$N_0P_0K_0$	0	0	0
2	2	$N_0P_2K_2$	0	2	2
3	3	$N_1P_2K_2$	1	2	2
4	4	$N_2P_0K_2$	2	0	2
5	5	$N_2P_1K_2$	2	1	2
6	6	$N_2P_2K_2$	2	2	2
7	7	$N_2P_3K_2$	2	3	2
8	11	$N_3P_2K_2$	3	2	2
9	12	$N_1P_1K_2$	1	1	2

表 6-3 常规五处理试验与“3414”方案处理编号对应

处理内容	“3414”方案处理编号	处理编码	N	P	K
无肥区	1	$N_0P_0K_0$	0	0	0
无氮区	2	$N_0P_2K_2$	0	2	2
无磷区	4	$N_2P_0K_2$	2	0	2
无钾区	8	$N_2P_2K_0$	2	2	0
氮磷钾区	6	$N_2P_2K_2$	2	2	2

表 6-4 “3414”试验码值方案

试验处理		因子水平码值（完全实施方案）			“部分实施方案”处理选择示例						
编号	代码	N	P_2O_5	K_2O	氮效应	磷效应	钾效应	氮磷效应	氮钾效应	磷钾效应	施肥参数
1	$N_0P_0K_0$	0	0	0	1	1	1	1	1	1	1
2	$N_0P_2K_2$	0	2	2	2	—	—	2	2	—	2
3	$N_1P_2K_2$	1	2	2	3	—	—	3	3	—	—
4	$N_2P_0K_2$	2	0	2	—	2	—	4		2	3
5	$N_2P_1K_2$	2	1	2	—	3	—	5		3	—
6	$N_2P_2K_2$	2	2	2	4	4	2	6	4	4	4
7	$N_2P_3K_2$	2	3	2	—	5	—	7	—	5	—
8	$N_2P_2K_0$	2	2	0	—	—	3	—	5	6	5
9	$N_2P_2K_1$	2	2	1	—	—	4	—	6	7	—
10	$N_2P_2K_3$	2	2	3	—	—	5	—	7	8	—

（续）

试验处理		因子水平码值（完全实施方案）			“部分实施方案”处理选择示例						
编号	代码	N	P_2O_5	K_2O	氮效应	磷效应	钾效应	氮磷效应	氮钾效应	磷钾效应	施肥参数
11	$N_3P_2K_2$	3	2	2	5	—	—	8	8	—	—
12	$N_1P_1K_2$	1	1	2	—	—	—	9	—	—	—
13	$N_1P_2K_1$	1	2	1	—	—	—	—	9	—	—
14	$N_2P_1K_1$	2	1	1	—	—	—	—	—	9	—

（二）试验材料

供试肥料分别为中国石化生产的46%尿素，云南军马牌16%重过磷酸钙，运城生产的50%硫酸钾。

三、测土配方施肥田间试验设计方案的实施

（一）地点与布局

在灵丘县多年耕地土壤肥力动态监测和耕地分等定级的基础上，将灵丘县耕地进行高、中、低肥力区划，确定不同肥力的测土配方施肥试验所在地点，同时在对承担试验的农户科技水平与责任性、地块大小、地块代表性等条件综合考察的基础上，确定试验地块。试验田的田间规划、施肥、播种、浇水以及生育期观察、田间调查、室内考种、收获计产等工作都由专业技术人员严格按照田间试验技术规程进行操作。

灵丘县的测土配方施肥“3414”试验主要在玉米、马铃薯上进行，完全试验不设重复，不完全试验设三次重复。2008—2010年，3年共完成“3414”完全试验60个，其中，玉米“3414”试验30个，马铃薯“3414”试验30个，安排配方校正试验46个。

（二）试验地选择

试验地选择平坦、整齐、肥力均匀，具有代表性的不同肥力水平的地块；坡地选择坡度平缓、肥力差异较小的田块；试验地避开了道路、堆肥场所等特殊地块。

（三）试验作物品种选择

田间试验选择当地主栽作物品种或拟推广品种。

（四）试验准备

整地、设置保护行、试验地区划；小区应单灌单排，避免串灌串排；试验前采集了土壤样品。

（五）测土配方施肥田间试验的记载

田间试验记载的具体内容和要求：

1. 试验地基本情况

地点：省、市、县、村、邮编、地块名、农户姓名。

定位：经度、纬度、海拔。

土壤类型：土类、亚类、土属、土种。

土壤属性：土体构型、耕层厚度、地形部位及农田建设、侵蚀程度、障碍因素、地下水位等。

2. 试验地土壤、植株养分测试　有机质、全氮、碱解氮、有效磷、速效钾、pH 等土壤理化性状，必要时进行植株营养诊断和中微量元素测定等；

3. 气象因素　多年平均及当年分月气温、降水、日照和湿度等气候数据。

4. 前茬情况　作物名称、品种、品种特征、亩产量以及 N、P、K 肥和有机肥的用量、价格等。

5. 生产管理信息　灌水、中耕、病虫防治、追肥等。

6. 基本情况记录　品种、品种特性、耕作方式及时间、耕作机具、施肥方式及时间、播种方式及工具等。

7. 生育期记录

玉米主要记录：播种期、播种量、平均株行距、出苗期、拔节期、孕穗期、抽穗期、灌浆期、成熟期等。

马铃薯主要记录：播种期、播种量、平均株行距、出苗期、现蕾期、开花期、块茎膨大期、成熟期等。

8. 生育指标调查记载　主要调查和室内考种记载：亩株数、株高、单株次生根、穗位高及节位、亩收获穗数、穗长、穗行数、穗粒数、百粒重、小区产量等。

（六）试验操作及质量控制情况

试验田地块的选择严格按方案技术要求进行，同时要求承担试验的农户要有一定的科技素质和较强的责任心，以保证试验田各项技术措施准确到位。

（七）数据分析

田间调查和室内考种所取得的数据，全部按照肥料效应鉴定田间试验技术规程操作，利用 Excel 程序和“3414”田间试验设计与数据分析管理系统进行分析。

四、田间试验实施情况

（一）试验情况

1.“3414”完全试验　共安排 60 点次，其中玉米 30 个，马铃薯 30 个。试验分布情况见表 6-5。

表 6-5　2008—2010 年灵丘县测土配方施肥补贴项目“3414”肥效试验安排

乡（镇）	测土配方施肥项目实施村数	“3414”肥效试验						合计
		2008 年		2009 年		2010 年		
		地点	数量	地点	数量	地点	数量	
武灵镇	44	大作村、黑龙河村、东武庄、刘家庄	6	大作村、刘家庄	2	大作村、黑龙河村、东武庄、刘家庄	6	14
东河南镇	28	东河南村、三合地村、六合地村、银厂村、古之河村	5	东河南村、峰北村、六合地村	4	东河南村、峰北村、三合地村	4	13

（续）

乡（镇）	测土配方施肥项目实施村数	"3414"肥效试验						合计
		2008年		2009年		2010年		
		地点	数量	地点	数量	地点	数量	
上寨镇	19	上寨村	1			上寨村	2	3
落水河乡	23	落水河村、固城村、新河峪	4	落水河村、北水芦村、三山村、门头村	6	落水河村、三山村	4	14
红石塄乡	13							
下关乡	14							
独峪乡	19							
白崖台乡	16	白崖台村	1					1
石家田乡	17	石家田村	1	石家田村	2	下北罗村	2	5
柳科乡	17							
史庄乡	13	韩坪村	1	韩坪村	2			3
赵北乡	31	赵北村	1	赵北村、养家会村、王成庄村	4	养家会村	2	7
合计	254		20		20		20	60

2. 校正试验 共安排46点次，其中玉米36个，马铃薯10个。试验分布情况见表6-6。

表6-6 2008—2010年灵丘县测土配方施肥补贴项目校正试验

乡（镇）	对比试验						合计
	2008年		2009年		2010年		
	地点	数量	地点	数量	地点	数量	
武灵镇	大作村、黑龙河村、东武庄、刘家庄	6	刘家庄村、大作村	2	大作村、黑龙河村、东武庄、刘家庄	3	11
东河南镇	东河南村、三合地村、六合地村、银厂村、古之河村	5	峰北村、六合地村	2	东河南村、峰北村	2	9
上寨镇	上寨村	2			上寨村	1	3
落水河乡	落水河村、固城村、新河峪	3	落水河村、北水芦村、三山村	3	落水河村、三山村	2	8
红石塄乡	红石塄村	1					1
下关乡	下关村、上关村	2					2
独峪乡	独峪村	1					1
白崖台乡	白崖台村	1					1
石家田乡	石家田村	1	石家田村	1	下北罗村	1	3
柳科乡	柳科村、上彭庄村	2					2
史庄乡	韩坪村	1	韩坪村	1			2
赵北乡	赵北村	1	养家会村	1	养家会村	1	3
合计		26		10		10	46

（二）试验示范效果

1.“3414”完全试验

（1）玉米“3414”完全试验：共试验30次。综观试验结果，玉米的肥料障碍因子首先的是氮，其次才是磷钾因子。经过各点试验结果与不同处理进行回归分析，得到三元二次方程30个，其相关系数全部达到极显著水平。

（2）马铃薯“3414”完全试验：共试验30次。综观试验结果，马铃薯的肥料障碍因子首位的是氮，其次才是磷钾因子。经过各点试验结果与不同处理进行回归分析，得到三元二次方程30个，其相关系数全部达到极显著水平。

2. 校正试验　完成46点次，其中玉米36个，通过校正试验，3年玉米平均配方施肥比常规施肥亩增产玉米28千克，增产13.4%，亩增纯收益42元。马铃薯10个，通过校正试验，3年平均配方施肥比常规施肥亩增产马铃薯90千克，增产12.2%，亩增纯收益90元。

五、初步建立了玉米测土配方施肥丰缺指标体系

（一）初步建立了作物需肥量、肥料利用率、土壤养分校正系数等施肥参数

1. 作物需肥量　作物需肥量的确定，首先掌握作物100千克经济产量所需的养分量。通过对正常成熟的农作物全株养分分析，可以得出各种作物的100千克经济产量所需养分量。灵丘县玉米100千克产量所需养分量为N 2.57千克、P_2O_5 0.86千克、K_2O 2.14千克；马铃薯1 000千克产量所需养分量为N 4.7千克、P_2O_5 1.9千克、K_2O 10.6千克。

计算公式：作物需肥量＝[目标产量（千克）/100]×100千克所需养分量（千克）

2. 土壤供肥量　土壤供肥量可以通过测定基础产量计算：

不施肥区作物所吸收的养分量作为土壤供肥量，计算公式：

土壤供肥量＝[不施肥区作物产量（千克）/100千克产量所需养分量（千克）

3. 通过土壤养分校正系数计算　将土壤有效养分测定值乘一个校正系数，以表达土壤“真实”的供肥量。

确定土壤养分校正系数的方法是：

校正系数＝缺素区作物地上吸收该元素量/该元素土壤测定值×0.15

根据这个方法，初步建立了灵丘县玉米田不同土壤养分含量下的碱解氮、有效磷、速效钾的校正系数。见表6-7。

表6-7　土壤养分含量及校正系数

单位：毫克/千克、%

碱解氮	含量	<30	30～60	60～90	90～120	>120
	校正系数	>1	0.8～1.0	0.6～0.8	0.4～0.6	<0.4
有效磷	含量	<5.0	5.0～10	10～20	20～30	>30
	校正系数	>1	0.9～1.0	0.7～0.9	0.5～0.7	<0.5
速效钾	含量	<50	50～100	100～150	150～200	>200
	校正系数	>1	0.6～1.0	0.5～0.6	0.4～0.5	<0.4

4. 肥料利用率 肥料利用率通过差减法来求出。方法是：利用施肥区作物吸收的养分量减去不施肥区作物吸收的养分量，其差值为肥料供应的养分量，再除以所用肥料养分量就是肥料利用率。

根据这个方法，经过测算，灵丘县玉米氮肥利用率变化范围为17.33%～51.04%，平均为33.66%。磷肥利用率变化范围为9.03%～53.44%，平均为28.97%。钾肥利用率变化范围为15.28%～76.15%，平均为31.73%。

马铃薯氮肥利用率变化范围为9.88%～50.05%，平均为31.49%。磷肥利用率变化范围为6.15%～60.64%，平均为27.38%。钾肥利用率变化范围为9.56%～68.95%，平均为41.05%。

5. 肥料农学效率 肥料农学效率（AE）是指特定施肥条件下，单位施肥量所增加的作物经济产量。它是施肥增产效应的综合体现，施肥量、作物种类和管理措施都会影响肥料的农学效率。肥料农学效率直接反映了施肥的增产状况，通过分析肥料的农学效率，可以用来定量特定施肥条件下化肥增产作用，进行点上的肥料效应分析；也可以进行区域施肥效应分析。在具体应用中，施肥量通常用纯养分（如N、P_2O_5和K_2O）来表示，即氮肥农学效率通常是指投入每千克纯氮所增加的经济产量数量，磷肥农学效率通常是指投入每千克P_2O_5所增加的经济产量数量，钾肥农学效率通常是指投入每千克K_2O所增加的经济产量数量。我们利用“3414”完全试验的空白对照区、无氮区（PK）、无磷区（NK）、无钾区（NP）、氮磷钾区（NPK）5个处理分别测算了氮、磷、钾肥和氮磷钾的肥料农学效率。

测算公式如下：

$$AE=(Yf-Y0)/F$$

式中：AE——肥料农学效率，单位为千克/千克；

Yf——某一特定的化肥施用下作物的经济产量，单位为千克/亩；

$Y0$——对照（不施特定化肥条件下）作物的经济产量，单位为千克/亩；

F——肥料纯养分（是指N、P_2O_5和K_2O）投入量，单位为千克/亩。

氮肥农学效率：

$$AEN=(YNPK-YPK)/FN$$

经过测算，玉米氮肥农学效率变化范围为7～15.5千克/千克，平均为9.55千克/千克。

磷肥农学效率：

$$AEP=(YNPK-YNK)/FP$$

经过测算，玉米磷肥农学效率变化范围为7.375～24.75千克/千克，平均为11.45千克/千克。

钾肥农学效率：

$$AEK=(YNPK-YNP)/FK$$

经过测算，钾肥农学效率变化范围为3.625～8.75千克/千克，平均为8.17千克/千克。

马铃薯氮肥农学效率变化范围为4～37.5千克/千克，平均为13.57千克/千克。磷肥农学效率变化范围为2.625～41.675千克/千克，平均为23.68千克/千克。钾肥农学效率变化范围为1.86～41.92千克/千克，平均为15.68千克/千克。

6. 玉米、马铃薯目标产量的确定方法　以施肥区前3年平均亩产和年递增率为基础确定目标产量，其计算公式是：

目标产量（千克/亩）＝（1＋年递增率）×前3年平均单产（千克/亩）。玉米、马铃薯的递增率以10%～19%为宜。

7. 施肥方法　最常用的是条施、穴施和全层施。玉米、马铃薯基肥采用条施、或撒施深翻或全层施肥；追肥采用条施、穴施。

（二）初步建立了玉米丰缺指标体系

通过对各试验点相对产量与土测值的相关分析，碱解氮按照相对产量达≥95%、95%～90%、90%～75%、75%～60%、<60%，有效磷按照相对产量达≥90%、90%～85%、85%～75%、75%～65%、<65%，速效钾按照相对产量达≥95%、95%～90%、90%～75%、75%～65%、<65%，将土壤养分划分为"高"、"较高"、"中"、"较低"、"低"5个等级，初步建立了"灵丘县春玉米土壤养分丰缺指标体系"。同时，根据"3414"试验结果，采用一元模型对施肥量进行模拟，根据散点图趋势，结合专业背景知识，选用一元二次模型或线性加平台模型推算作物最佳产量施肥量。按照土壤有效养分分级指标进行统计、分析，求平均值及上下限。

1. 玉米碱解氮丰缺指标　由于碱解氮的变化大，建立丰缺指标及确定对应的推荐施肥量难度很大，目前，在实际工作中应用养分平衡法来进行施肥推荐（图6-1、表6-8）。

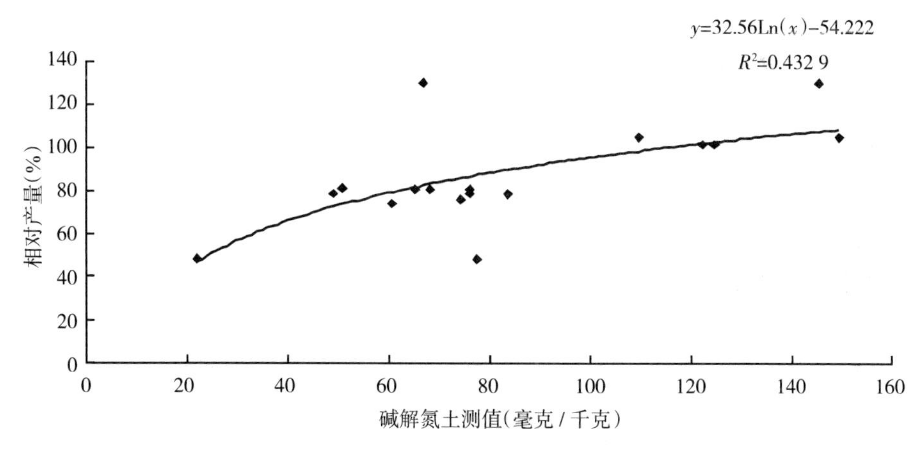

图6-1　玉米相对产量与碱解氮含量关系

表6-8　灵丘县玉米碱解氮丰缺指标

等级	相对产量（%）	土壤碱解氮含量（毫克/千克）
高	>95	>100
较高	90～95	90～100

（续）

等级	相对产量（%）	土壤碱解氮含量（毫克/千克）
中	75～90	55～90
较低	60～75	35～55
低	<60	<35

2. 玉米有效磷丰缺指标 见图 6-2、表 6-9。

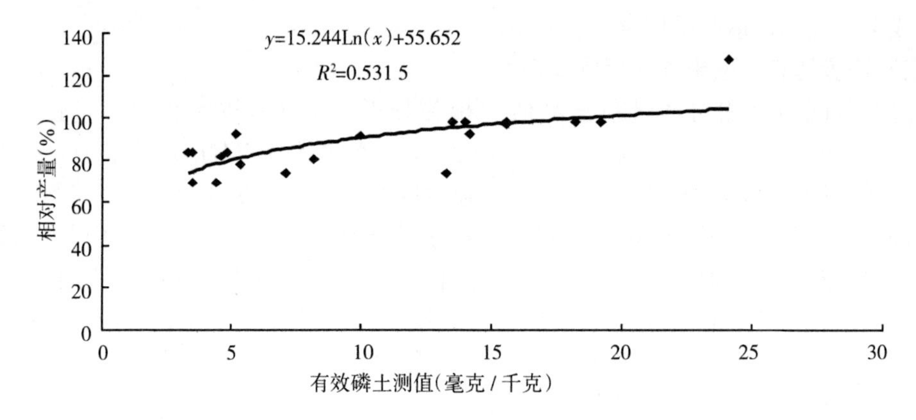

图 6-2 玉米有效磷与相对产量关系

表 6-9 灵丘县玉米有效磷丰缺指标

等级	相对产量（%）	土壤有效磷含量（毫克/千克）
高	>90	>10
较高	85～90	7～10
中	75～85	4～7
较低	65～75	3～4
低	<65	<3

3. 玉米速效钾丰缺指标 见图 6-3、表 6-10。

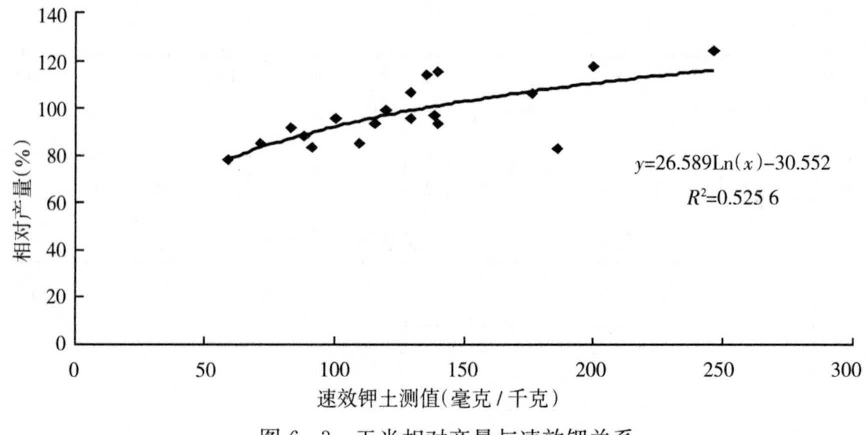

图 6-3 玉米相对产量与速效钾关系

表 6-10　灵丘县玉米速效钾丰缺指标

等级	相对产量（%）	土壤速效钾含量（毫克/千克）
高	>95	>120
较高	90～95	95～120
中	75～90	60～95
较低	50～75	25～60
低	<50	<25

第四节　主要作物不同区域测土配方施肥技术

立足灵丘县实际情况，根据历年来的玉米、马铃薯产量水平，土壤养分检测结果，田间肥料效应试验结果，同时结合灵丘县农田基础和多年来的施肥经验等，制订了玉米、马铃薯配方施肥方案，提出了玉米、马铃薯的主体施肥配方方案，并和配方肥生产企业联合，大力推广应用配方肥，取得了很好的实施效果。

制定施肥配方的原则

（1）施肥数量准确：根据土壤肥力状况、作物营养需求，合理确定不同肥料品种施用数量，满足农作物目标产量的养分需求，防止过量施肥或施肥不足。

（2）施肥结构合理：提倡秸秆还田，增施有机肥料，兼顾中微量元素肥料，做到有机无机相结合，氮、磷、钾养分相均衡，不偏施或少施某一养分。

（3）施用时期适宜：根据不同作物的阶段性营养特征，确定合理的基肥、追肥比例和适宜的施肥时期，满足作物养分敏感期和快速生长期等关键时期养分需求。

（4）施用方式恰当：针对不同肥料品种特性、耕作制度和施肥时期，坚持农机农艺结合，选择基肥深施、追肥条施穴施、叶面喷施等施肥方法，减少撒施、表施等。

一、玉米配方施肥总体方案

灵丘县 2010 年玉米的种植面积在 25.34 万亩，占全县总耕地面积的 49.5%。玉米产量的高低直接影响到农民的收入和社会的稳定。

（一）玉米需肥规律

1. 玉米对肥料三要素的需求量　玉米是需肥水较多的高产作物，一般随着产量提高，所需营养元素也在增加。玉米全生育期吸收的主要养分中，以氮为多、钾次之、磷较少。玉米对微量元素尽管需要量少，但也不可忽视，特别是随着产量水平的提高，施用微肥的增产效果更加显著。

综合国内外研究资料，一般每生产 100 千克玉米籽粒，需吸收氮 2.2～4.2 千克，磷 0.5～1.5 千克，钾 1.5～4 千克，肥料三要素的比例约为 3∶1∶2。灵丘县玉米每生产 100 千克玉米籽粒吸收氮、磷、钾分别为 2.57 千克、0.86 千克、2.14 千克。吸收量常受播种季节、土壤肥力、肥料种类和品种特性的影响，据全国多点试验，玉米植株对氮、磷、钾的吸收量常随产量的提高而提高。

2. 玉米各生育期对三要素的需求规律 玉米苗期生长相对较慢，只要施足基肥，就可满足其需要，拔节后到抽雄前，茎叶旺盛生长，内部的生殖器官同时也迅速分化发育，是玉米一生中养分需求最多的时期，必须供应足够的养分，才能达到穗大、粒多、高产的目的；生育后期，籽粒灌浆时间较长，仍需一定量的肥、水，使之不早衰，确保灌浆充分，籽粒饱满。一般来讲，玉米有两个需肥关键时期，一是拔节到孕穗期；二是抽雄到开花期。玉米对肥料三要素的吸收规律为：

（1）氮素的吸收：苗期氮素吸收量占总氮量的2%，拔节期到抽雄开花期氮素吸收量占总氮量的51.3%，后期氮的吸收量占总氮量的46.7%。

（2）磷素的吸收：苗期吸磷少，约占总磷量的1%，苗期玉米的含磷量高，是玉米需磷的敏感期；抽雄期吸磷量达到高峰，占总磷量的64%，籽粒形成期吸收速度加快，乳熟至蜡熟期达最大值，成熟期吸收速度下降。

（3）钾素的吸收：钾素的吸收累计量在展三叶期，仅占总量的3%；拔节后，抽雄吐丝期达总量的96%，籽粒形成期钾的吸收处于停止状态。由于钾的外渗、淋失，成熟期钾的总量有降低的趋势。

（二）高产栽培配套技术

1. 品种选择与处理 选用本县常年种植面积较大的"中单2号"、"农大60"作为主栽品种。种子质量要达国家一级标准，播前须进行包衣处理，以控制苗期灰飞虱、玉米蚜、蛴螬等地下害虫的危害。

2. 实行机械播种 确保苗全、苗齐、苗匀。

3. 病虫害综合防治 苗期重点防治小地老虎、黑绒金龟子，大喇叭口期重点防治草地螟。

4. 水分及其他管理 水分管理应重点浇好拔节水、抽雄开花水和灌浆水，出苗水和大喇叭口应视天气和田间土壤水分情况灵活掌握。大喇叭口期应喷施玉米矮壮素1次，以控高促壮，提高光合效率，增加经济产量。

5. 适时收获、增粒重、促高产 春季力争在早播的前提下，防止晚霜，还须实行适当晚收，但防止早霜冻。以争取较高的粒重和产量，一般情况下应在蜡熟后期收获。

（三）玉米施肥技术

总量控制：施氮量（千克/亩）＝

目标产量所需的养分－土壤测试值×1.5×校正系数/肥料利用率

目标产量：根据灵丘县近年来的实际，按低、中、高3个肥力等级，目标产量设置为400千克以下、400～600千克、600千克以上。

1. 氮的管理 单位产量吸收氮量按3年的试验结果看100千克籽粒需氮2.57千克计算。施肥时期及用量：要求分2次施入，第一次在7～8叶期施入总量的60%，第二次在大喇叭口期施入总量的40%。

2. 磷、钾的管理 按每生产100千克玉米籽粒需 P_2O_5 0.86千克，需 K_2O 2.14千克。

目标产量为600千克时，每亩玉米吸磷量为600×0.86/100＝5.16千克，其中约

75%被籽粒带走。当耕地土壤有效磷低于7毫克/千克时，磷肥的管理目标就是通过增施磷肥提高作物产量和土壤有效磷含量，磷肥施用量为作物带走量的1.5倍，施磷量（千克/亩）=5.16×75%×1.5=5.81千克；当耕地土壤有效磷为7～10毫克/千克时，磷肥的管理目标是维持现有土壤有效磷水平，磷肥用量等于作物带走量，施磷量=5.16×7.5%=0.378千克，当耕地土壤有效磷高于10毫克/千克时，施磷的增产潜力不大，每亩只适当补充1～3千克 P_2O_5 即可。

目标产量为600千克时，亩玉米吸钾量为600×2.14%=12.84千克，其中约27%被籽粒带走。当耕地土壤速效钾低于95毫克/千克时，钾肥的管理目标就是通过增施钾肥提高作物产量和土壤速效钾含量，钾肥施用量为作物带走量的1.5倍，施钾量（千克/亩）=12.84×27%×1.5=5.2千克；当耕地土壤速效钾 为95～120毫克/千克时，钾肥的管理目标是维持现有土壤速效钾水平，钾肥用量等于作物带走量，施磷量=2.14×27%=0.577 8千克，当耕地土壤速效钾高于120毫克/千克时，施钾的增产潜力不大，一般不用再施钾肥。

（四）不同地力氮、磷、钾施用量

灵丘县玉米测土配方施肥量见表6-11。

表6-11　灵丘县玉米测土配方施肥量

目标产量（千克）	耕地地力等级	氮（N）			磷（P_2O_5）			钾（K_2O）		
		低	中	高	低	中	高	低	中	高
400	5	9.76	6.16	4.36	3.74	2.49	0	3.47	2.31	0
500	4	14.9	11.3	9.5	4.67	3.11	0	4.33	2.89	0
600	3	20.04	16.44	14.64	5.60	3.74	1.00	5.20	3.47	2.00
700	2	25.18	21.58	19.78	6.54	4.36	2.00	6.07	4.04	2.50
800	1	30.32	26.72	24.92	7.47	4.98	2.50	6.93	4.62	3.00

（五）微肥用量的确定

推广玉米施锌技术，每千克种子拌硫酸锌4～6克，或亩底施硫酸锌1.5～2千克。由于土壤有效锌与有效磷呈反比关系，故锌肥的施用量为：土壤有效磷较高量，亩施硫酸锌1.5～2千克，土壤有效磷为中时，亩施硫酸锌1～1.5千克，土壤有效磷为低时，亩用0.2%的硫酸锌溶液，在苗期连喷2～3次。

二、无公害马铃薯生产操作规程与施肥方案

马铃薯在灵丘县分布广，全县各个乡、村都有种植。2010年全县种植面积40 351.5亩，占粮食播种面积的8.96%。但集中产地在南山区的原银厂乡（现属东河南镇），东北山的石家田乡、柳科乡，西北山的赵北乡。这些地区，由于气候原因，所产马铃薯品质佳、产量高，是当地的主要经济作物。

（一）品种选择与栽培季节

1. 品种选择　马铃薯品种选择表皮光滑、芽眼浅、外观性状好、抗病、丰产、优质、适销对路的脱毒种薯，主要品种有紫花白、晋薯7号等，亩用量125～150千克。

2. 栽培季节 5月上旬至5月中旬播种，9月中旬至10月上旬收获。

（二）播种前的准备

1. 整地施肥 禁止使用未经国家和省级部门登记的化学或生物肥料，禁止使用硝态氮肥。禁止使用城市垃圾、污泥、工业废渣。马铃薯的施肥以基肥为主，亩施有机肥2 500千克，碳酸氢铵50千克，过磷酸钙50千克，硫酸钾20千克。

2. 种薯处理 把出窖后经过严格挑选的种薯，装在麻袋、塑料网袋里或堆放在空房子、日光温室和仓库等处，使温度保持在10～15℃，有散射光线即可。经过15天左右，当芽眼刚刚萌发见到小白芽时，就可以切芽播种了，如果种薯数量少，可把种薯摊开为2～3层，摆放在光线充足的房间或日光温室里，使温度保持在10～15℃，让阳光晒着，并经常翻动，当薯皮发绿芽萌动时，就可以切芽播种了。

切块时注意每个芽块的重量最大达到50克（1两），最小不能低于30克（0.6两）。

（三）播种

1. 播种期 地膜覆盖春播马铃薯要求当10厘米深度地温稳定通过5℃，以达到6～7℃时较为适宜，一般在5月上旬至5月中旬播种比较适宜。土壤含水量为14%～16%时播种最为适宜。

2. 播种密度 马铃薯种植以垄（行）距60～70厘米、株距在24～26厘米较好。肥水充足，植株相对稀植；地力较差，种植相对密一些，亩留苗3 000～3 500株。

3. 播种深度 一般播种深度为8～10厘米。

4. 播种量 马铃薯的播种量与品种、栽植密度、切块大小及播种方式等有关，一般切块播种每亩用种125～150千克。

（四）田间管理

1. 中耕培土 马铃薯播种后30天左右出苗，出苗后应及时查苗补苗，轻锄松土，以利出苗。苗高12～15厘米，结合培土进行第二次中耕除草，在封垄前进行第三次中耕培土。

2. 水肥管理 旱地马铃薯一般不追肥浇水，地膜覆盖早熟品种，遇春旱时人工浇水1次，同时中耕。

3. 摘除花蕾 花蕾形成花序抽出时，及时摘除。

4. 病虫害防治

农业防治：针对主要病虫控制对象，选用高抗多抗的脱毒种薯；实行严格轮作制度，与非茄科作物轮作3年以上，在地块周围适当种植高秆作物作防护带，增施充分腐熟的有机肥，少施化肥；清洁田园。

物理防治：覆盖银灰色地膜驱避蚜虫，利用频振式杀虫灯、性诱剂诱杀成虫。

化学防治：晚疫病用72%的克露或75%的达科宁，每亩用量为100～150克，加水50升稀释，用喷雾器均匀喷施马铃薯苗，每隔7天喷一次，交替换药，收获前20天停止用药。二十八星瓢虫：用2.5%的敌杀死或2.5%功夫，每亩用药20～30毫升，加水50升，进行田间喷雾，每隔7～10天1次，连喷2～3次，收获前15天停止用药。

（五）收获、包装

适时收获，收获标准为：茎叶由绿变黄，薯块易从茎上脱落，用手指擦薯块，表皮脱落，用刀削薯块，伤口易干燥。收获时要避免损伤薯块，收获的马铃薯要避免暴晒，经暴晒的薯块易腐烂，不耐存储，将达到商品标准要求的块茎分级后统一包装上市。

（六）马铃薯需肥特性

1. 马铃薯不同生长时期对养分的需求特点　马铃薯整个生育期间，因生育阶段不同，其所需营养物质的种类和数量也不同。幼苗期吸肥量很少，发棵期吸肥量迅速增加，到结薯初期达到最高峰，而后吸肥量急剧下降。各生育期吸收氮（N）、磷（P_2O_5）、钾（K_2O）三要素，按占总吸肥量的百分数计算，发芽到出苗期分别为6%、8%和9%，发棵期分别为38%、34%和36%，结薯期为56%、58%和55%。三要素中马铃薯对钾的吸收量最多，其次是氮，磷最少。试验表明，每生产1 000千克块茎，需吸收氮（N）4.8千克、磷（P_2O_5）1.9千克、钾（K_2O）10.6千克，氮、磷、钾比例为2.5∶1∶5.3。马铃薯对氮、磷、钾肥的需要量随茎叶和块茎的不断增长而增加。在块茎形成盛期需肥量约占总需肥量的60%，生长初期与末期约各需总需肥量的20%。

2. 马铃薯施肥量测定与计算

确定目标产量：根据灵丘县近年来马铃薯生产的实际和主要生产区域分布在中等肥力的地块，目标产量设置为1 500千克。则马铃薯整个生育期所需要的氮、磷、钾养分量分别为7.2、2.85、15.9千克/亩。

计算土壤养分供应量：测定土壤中速效养分含量，然后计算出土壤养分含量、供应量。1亩地表土按深20厘米计算，共有15万千克土，如果土壤碱解氮的测定值为53毫克/千克，有效磷含量测定值为11.7毫克/千克，速效钾含量测定值为102毫克/千克，则1公顷地块土壤有效碱解氮的总量为1.5×53=7.95千克，有效磷总量为1.76千克，速效钾总量为15.3千克。由于土壤多种因素影响土壤养分的有效性，土壤中所有的有效养分并不能全部被马铃薯吸收利用，需要乘上一个土壤养分校正系数。

经过3年在此地的试验结果统计，碱解氮的校正系数为0.57，有效磷校正系数为0.46，速效钾的校正系数为0.66。氮磷钾化肥利用率为：氮9.88%～50.05%，平均为31.49%、磷6.15%～60.64%，平均为27.38%、钾9.56%～68.95%，平均为41.05%。确定马铃薯施肥量。

根据马铃薯全生育期所需要的养分量、土壤养分供应量及肥料利用率即可直接计算马铃薯的施肥量。再把纯养分量转换成肥料的实物量，即可用于指导施肥。根据以上数据，单产马铃薯1 500千克/亩，所需纯氮量为［(7.2～7.95）×0.57］÷0.3149=8.47千克/公顷；磷肥用量为［（1.76～2.85）×0.46］÷0.273 8=6.17千克/公顷，考虑到磷肥后效明显，所以磷肥可以按60%施用，即施3.7千克/公顷。钾肥用量为［（15.3～15.9）×0.66］÷0.410 5=14.13千克/公顷。

3. 马铃薯施肥方法

基肥：有机肥、钾肥、大部分磷肥和氮肥都应作基肥，磷肥最好和有机肥混合沤制后施用。基肥可以在秋季或春季结合耕地沟施或撒施，尤其应提倡秋施肥。

种肥：马铃薯每亩用30千克尿素、50千克普钙混合1 000千克有机肥，播种时条施或穴施于薯块旁，有较好的增产效果。

追肥：马铃薯一般在开花以前进行追肥，早熟品种应提前施用。开花以后不宜追施氮肥，以免造成茎叶徒长，影响养分向块茎的输送，造成减产。可根外喷洒磷钾肥。

4. 微肥的施用 马铃薯对微量元素硼、锌较为敏感，如果土壤中有效锌含量低于0.5毫克/千克，则需要施用锌肥。土壤中锌的有效性在酸性条件下比碱性条件要高，所以碱性和石灰性土壤易缺锌。长期施磷肥的地区，由于磷与锌的拮抗作用，易诱发缺锌，应给予补充。常用锌肥有硫酸锌和氯化锌，基肥用量7.5～37.5千克/公顷，每千克肥料拌种4.0～5.0克，浸种浓度0.02%～0.05%。如果复合肥中含有一定量的锌，不必再单独施锌肥。

三、谷子测土配方施肥方案

1. 产量水平200千克以下 谷子产量在200千克/亩以下的地块，氮肥（N）用量推荐为5～6千克/亩，磷肥（P_2O_5）4～6千克/亩，土壤速效钾含量<100毫克/千克适当补施钾肥（K_2O）1～2千克/亩。亩施农家肥2 000千克以上。

2. 产量水平200～250千克 谷子产量在200～250千克/亩的地块，氮肥用量推荐为6～8千克/亩，磷肥（P_2O_5）6～7千克/亩，土壤速效钾含量<100毫克/千克适当补施钾肥（K_2O）1～2千克/亩。亩施农家肥2 000千克以上。

3. 产量水平250～300千克 谷子产量在250～300千克/亩的地块，氮肥用量推荐为8～10千克/亩，磷肥（P_2O_5）7～8千克/亩，土壤速效钾含量<120毫克/千克适当补施钾肥（K_2O）2～3千克/亩。亩施农家肥2 000千克以上。

4. 产量水平300千克以上 谷子产量在300千克/亩以上的地块，氮肥用量推荐为10～12千克/亩，磷肥（P_2O_5）8～10千克/亩，土壤速效钾含量<100毫克/千克适当补施钾肥（K_2O）1～2千克/亩。亩施农家肥3 000千克以上。

5. 施肥方法

（1）基肥：基肥是谷子全生育期养分的源泉，是提高谷子产量的基础，因此谷子都应重视基肥的施用，特别是旱地谷子，有机肥、磷肥和氮肥以作基肥为主。基肥应在播种前一次施入田间，春旱严重、气温回升迟而慢、保苗困难的区域最好在头年结合秋深耕施基肥，效果更好。

（2）种肥：谷子籽粒是禾谷类作物中最小的，胚乳贮藏的养分较少，苗期根系弱，很容易在苗期出现营养缺乏症，特别是在晋北区。谷子苗期，磷素营养更易因地温低、有效磷释放慢且少而影响谷子的正常生长，因此每亩用0.5～1.0千克P_2O_5和1.0千克纯氮作种肥，可以收到明显的增产效果。种肥最好先用耧施入，然后再播种。

（3）追肥：谷子的拔节孕穗期是养分需要较多的时期，条件适宜的地方可结合中耕培土用氮肥总量的20%～30%进行追肥。

四、其他作物测土配方施肥推荐方案

1. 高粱专用肥配方 高粱专用肥三要素推荐量为N：P_2O_5：K_2O=（100～160）千克/公顷：（40～80）千克/公顷：（40～60）千克/公顷；在播种前作基肥施入时，其配方为 N∶P_2O_5∶K_2O=50 千克/公顷∶100 千克/公顷∶50 千克/公顷；播种后做追肥用的配方为 N∶P_2O_5∶K_2O=50 千克/公顷∶0 千克/公顷∶50 千克/公顷。

2. 大豆专用肥配方　大豆专用肥要素推荐量为 N∶P_2O_5∶K_2O=（20～40）千克/公顷∶（60～90）千克/公顷∶（30～75）千克/公顷；土壤钾肥施用量要根据土壤有效钾的含量而定，土壤有效钾含量为 1.5～3.5 毫克/千克时，土壤钾肥施用量应为 30～60 千克/公顷；而土壤有效钾含量大于 3.5 毫克/千克时，可考虑少施或不施。磷钾肥当基肥施用，氮肥根据春播大豆和夏播大豆按如下时期施用：春播大豆于播种后 20 天及 40 天各施氮肥 50%；夏播大豆 35%氮肥做基肥用，30%于播种后 20 天施用，35%于大豆开花期施用。石灰的施用，当土壤 pH 小于 5.2 以下时，每公顷的石灰用量 2～3 吨；pH 在 5.5 以下、5.2 以上时，石灰用量 1.5 吨/公顷为宜，pH 在 5.5 以上时每公顷 10 千克为宜。

3. 向日葵专用肥配方　向日葵专用肥配方推荐为 N∶P_2O_5∶K_2O=（60～80）千克/公顷∶（30～50）千克/公顷∶（30～60）千克/公顷。氮、钾肥半量及磷肥全量做基肥施用，剩余半量氮、钾肥作追肥施用。基肥条施于种子旁 12 厘米，深 10 厘米；追肥于播种后 25～30 天培土前施于株旁入土，然后再播种。

4. 烟草专用肥配方

（1）苗床专用配方：N∶P_2O_5∶K_2O=9∶18∶27；用肥量为 0.54 千克/平方米。

（2）大田专用肥配方：N∶P_2O_5∶K_2O=9∶18∶27；用肥量为：N∶P_2O_5∶K_2O=60 千克/公顷∶120 千克/公顷∶180 千克/公顷。

（3）施肥时期与方法：苗床。复混肥料与土壤充分混合均匀后，撒于播种床上，用木板压平，约经 1 周后播种。大田。基肥以每公顷施量 2/3，追肥以 1/3 的比例为适宜。

五、蔬菜推荐方案

1. 萝卜专用肥配方　萝卜的种类很多，推荐的专用肥配方为 N∶P_2O_5∶K_2O=（140～160）千克/公顷∶（80～100）千克/公顷∶（110～130）千克/公顷，磷肥 100%做基肥施入，氮肥 40%、钾肥 60%做基肥施入。氮肥 60%分 2 次做追肥施入，钾肥 40%分 2 次做追肥施入。每公顷可将堆肥 10～20 吨做基肥于整地前施用，缺硼的土壤每公顷可施用硼肥 2～6 千克做基肥。

2. 胡萝卜专用肥配方　胡萝卜推荐专用配方，每公顷施用堆肥 20 吨的情况 N∶P_2O_5∶K_2O=（180～250）千克/公顷∶（120～180）千克/公顷∶（120～180）千克/公顷。磷肥和堆肥皆在播种前做基肥一次性施入；氮、钾肥 50%做基肥施入，剩下的 50%分 2 次做追肥施入。

3. 甘蓝专用肥配方　甘蓝的专用肥推荐配方：N∶P_2O_5∶K_2O=（200～300）千克/公顷∶（70～90）千克/公顷∶（120～180）千克/公顷。推荐每公顷施用堆肥 10 吨做基肥。

施肥时期及分配率（%）：100%的磷肥、34%的氮、100%钾肥做基肥；剩下的肥料分为 3 份，分别在定植后的 15 天、30 天和 45 天做追肥施入。当土壤的 pH 在 5.5 以下时，可在种植前 2 周，施用石灰石、粉炉渣，每公顷 2～3 吨。

4. 白菜专用肥配方 白菜专用肥推荐配方为 N∶P_2O_5∶K_2O=（200～250）千克/公顷∶（90～150）千克/公顷∶（80～120）千克/公顷。提倡每公顷施用堆肥 10 吨做基肥。

施肥时期与分配率（%）：30%的氮、钾肥，100%的磷肥和有机肥做基肥施用；剩余的 70%的氮、钾分 3 次于发芽后 15 天、35 天和 50 天做追肥各施用 1 次。

5. 菠菜专用肥配方 菠菜专用肥推荐配方为 N∶P_2O_5∶K_2O=（150～180）千克/公顷∶（90～120）千克/公顷∶（120～150）千克/公顷。提倡每公顷施用堆肥 20 吨做基肥。

施肥时间及分配率（%）：100%磷肥、堆肥做基肥施用，25%的氮、钾肥做基肥施用，剩下的氮、钾肥分 3 份，于发芽后 10 天、16 天、32 天分别做追肥施入。

6. 茼蒿专用肥配方 茼蒿专用肥推荐配方为 N∶P_2O_5∶K_2O=（140～150）千克/公顷∶（90～110）千克/公顷∶（100～140）千克/公顷。提倡每公顷施用堆肥 10 吨基肥。

施肥时期及分配率（%）：100%磷肥和堆肥，50%氮、钾肥做基肥，剩下的 50%氮、钾肥于萌芽 20 天后，做追肥一次性施入。

7. 芥菜专用肥配方 芥菜专用肥推荐配方为 N∶P_2O_5∶K_2O=（180～240）千克/公顷∶（90～120）千克/公顷∶（150～180）千克/公顷。提倡每公顷施用堆肥 10～20 吨基肥。

施肥时期及分配率（%）：100%的磷肥和堆肥做基肥施入，34%的氮、钾肥做基肥施入；66%的氮、钾分 3 次于定植后的 20 天、40 天和 60 天做追肥施用。

8. 芹菜专用肥配方 芹菜专用肥推荐配方为 N∶P_2O_5∶K_2O=（150～230）千克/公顷∶（60～90）千克/公顷∶（150～180）千克/公顷。提倡每公顷施用堆肥 20 吨做基肥。

施用时间及分配率（%）：磷肥及堆肥全部一次性做基肥施入，34%的氮、钾肥做基肥施入；剩下 66%的氮、钾肥于发芽后 40 天和 70 天分两次做追肥施入。

9. 洋葱专用肥配方 洋葱专用肥推荐配方为 N∶P_2O_5∶K_2O=（150～200）千克/公顷∶（150～200）千克/公顷∶（120～240）千克/公顷。

施肥时期及分配率（%）：70%的磷肥，50%的氮、钾肥做基肥施入；30%的磷肥、20%的氮、钾肥在洋葱移植 2 周后做追施第一次施入；30%的钾肥、20%的氮肥，在移植第四周后做第二次追肥；剩下的 10%氮肥在移植第六周做第三次追肥。

10. 大蒜专用肥配方 大蒜专用肥推荐配方为 N∶P_2O_5∶K_2O=（200～300）千克/公顷∶（90～120）千克/公顷∶（120～180）千克/公顷；如果每公顷施用堆肥 10 吨时，N∶P_2O_5∶K_2O=（120～150）千克/公顷∶（60～90）千克/公顷∶（90～120）千克/公顷。

施肥时期，100%的磷肥、40%的钾肥、20%的氮肥做基肥施入；定植后 30 天左右追施氮肥 30%，定植后 50 天再追施氮肥 30%及钾肥 60%，定植后 80 天后再施氮肥 20%。

11. 大葱专用肥配方 大葱专用肥推荐配方为 N∶P_2O_5∶K_2O=（240～275）千克/公顷∶（95～105）千克/公顷∶（90～120）千克/公顷。提倡每公顷施用堆肥 20 吨做基肥。

施肥时期及分配率（%）：100%的磷肥、钾肥和 20%的氮肥做基肥施入；其余氮肥分 4 次做追肥施入。做追肥的氮肥尿素为佳，第一次追肥于定值后 10 天新根长出时施用，以后每隔 15～20 天施用 1 次追肥，每次追肥后均须培土，培土不宜过厚，以可将叶柄部掩没为宜，最后 1 次培土以不超过植株叶部的分枝点为准。

12. 韭菜专用肥配方　韭菜第一次收割前的施肥量推荐配方为 N∶P_2O_5∶K_2O=（80～150）千克/公顷∶（30～50）千克/公顷∶（60～80）千克/公顷；每次收割后的施肥量与第一次收割前的施肥量相同。

施肥时期与分配率（%）：第一次收割前，用 50%的氮、钾肥做基肥施入，剩下的 50%肥料分成 2 份，分 2 次做追肥施用；每次收割后，氮、磷、钾 3 种肥料均匀的分成 3 份，作 3 次追肥用，每次肥料用量为 33%～34%。

施肥方法：每公顷可将堆肥 10～20 吨做基肥于整地前撒施地表翻入土中，然后再作畦播种，定植后每隔 60～75 天于行间或株间施用追肥 1 次，计 3 次，施肥时勿太靠近株根，以免发生肥害。每次收割后，随即于行间或株间施用追肥 1 次，并以腐熟之锯木屑等资材覆于株根上，以后约每隔 20 天施用追肥 1 次，计 2 次。氮肥中，尿素的肥效较硫酸铵为好，推荐使用含有机质的复混肥。

13. 茄子专用肥配方　茄子专用推荐配方为 N∶P_2O_5∶K_2O=610 千克/公顷∶800 千克/公顷∶630 千克/公顷。另外每公顷施用堆肥 20 吨和豆饼 2 吨做基肥，每公顷施用 100 千克氮肥，290 千克磷肥，120 千克钾肥做基肥，剩下的肥料每次 30 千克/公顷做追肥，从开始采收算起（约定值 2 个月时间），每 10 天要施用 1 次肥，生长期最长可追施 17 次。

14. 番茄专用肥配方　番茄专用肥推荐配方分食用番茄和加工番茄两种，肥料配方上有所区别。食用番茄配方为 N∶P_2O_5∶K_2O=（150～250）千克/公顷∶（100～150）千克/公顷∶（100～150）千克/公顷。加工番茄配方为：N∶P_2O_5∶K_2O=（150～250）千克/公顷∶（120～200）千克/公顷∶（120～180）千克/公顷。食用番茄施肥时间及分配率（%）：100%的磷肥、30%的氮、钾肥做基肥，剩下的氮、钾肥分成 3 份分别于定植后的 25 天，50 天和 75 天做追肥施用。加工番茄施肥时间与分配率（%）：100%的磷肥、40%的氮肥、50%的钾肥做基肥施入，剩余的氮、钾在定植后 30 天一次性做追肥施用。追肥方法，施于株旁 10～15 厘米处，然后培土。

15. 甜椒专用肥配方　甜椒专用肥推荐配方为 N∶P_2O_5∶K_2O=（120～150）千克/公顷∶（120～150）千克/公顷∶（150～180）千克/公顷。定植后至第一次收获果实前施用上面的配方。每一次采摘果实后都要追施氮肥，追肥量为 30～50 千克/公顷。

施肥时期及分配率（%）：100%的磷肥、50%的钾肥、30%的氮肥作基肥，剩下的氮肥分 3 次做追肥施用；剩下的钾肥第二次追肥时施用。第一次追肥时间为定植后的 15 天，第二次追肥时间在定植后 30 天，第三次追肥时间在定植后 45 天。分别于行间、株间不同方位轮流施肥，每次施肥后均需覆土。另外，每公顷可施用 10～20 吨堆肥做基肥，而施用堆肥地块，化肥可酌量减施。

16. 黄瓜专用肥配方　黄瓜专用肥推荐配方为 N∶P_2O_5∶K_2O=（250～350）千克/公顷∶（130～180）千克/公顷∶（300～400）千克/公顷。推荐每公顷施用堆肥 10 吨左右作基肥。

施肥时间与分配率（%）：60%的磷肥、20%的钾肥、10%的氮肥做基肥施用；20%的磷肥、15%的氮肥做第一次追肥用；40%的钾肥、20%的磷肥和 15%的氮肥做第二次追肥；20%的氮肥做第三次追肥用；40%的钾肥、20%的氮肥做第四次追肥用；20%的氮肥做第五次追肥用。

17. 甜瓜专用肥配方 甜瓜专用肥推荐配方为N：P_2O_5：K_2O=（150～180）克/株/年：（90～120）克/株/年：（100～150）克/株/年。

施肥分配率（%），70%的磷肥、40%的钾肥、30%的氮肥做基肥施用：10%的氮肥和磷肥做第一次追肥；40%的氮肥、20%的磷肥和60%的钾肥做第二次追肥用；剩下20%的氮肥做第三次追肥用。

施肥时期与方法，在播种前1个月每公顷施用堆肥20吨撒施于田内，耕耘机混入土中。基施化肥于播种前条施畦中，第一次追肥在本叶3～4厘米时的条施并培土；第三次追肥在小果期施用，穴施于畦两侧。

18. 西瓜专用肥配方 西瓜专用肥推荐配方为N：P_2O_5：K_2O=（180～240）千克/公顷：（120～240）千克/公顷：（200～240）千克/公顷，提倡每公顷施用堆肥10吨做基肥。

施肥时期及分配率（%）：全部堆肥、60%磷肥、25%的钾肥和10%的氮肥做基肥施于定植前的沟内。第一次追肥在定植成活后，点施于株旁10厘米处，施肥量为用肥总量的10%，和二次追肥在本叶5～6片时，于株间开浅沟施入，施肥量为N：P_2O_5：K_2O=20%：20%：30%；第三次追肥在花蕾期于畦沟两侧开沟施入，施肥量为N：P_2O_5：K_2O=20%：10%：5%；第四次追肥在雌花始期，条施于畦沟两侧，施肥量为N：P_2O_5：K_2O=20%：0%：30%：第五次追肥在幼果如拳头大时，于畦沟两侧开沟施入，施肥量为剩余的20%的氮肥，沙质土壤可在果实增大时，以0.4%的尿素溶液喷施于叶面，每周1次，连喷2～3次。

在生育期内若发现缺硼时，要用0.5%的硼砂水溶液喷施于叶面或灌注于根旁，每周2次，连续2～3次。

六、花卉施肥推荐方案

1. 百合花专用肥配方 百合花专用肥推荐配方为N：P_2O_5：K_2O=（250～400）千克/公顷：（100～200）千克/公顷：（300～400）千克/公顷。另外，每公顷需要施用10～15吨堆肥。

施肥时期及分配率（%）：全部堆肥和磷肥做基肥，20%的氮、钾肥做基肥，用耕耘机混入土壤中，然后开始定苗；余下的氮、钾肥均分4次施用，定植后每隔15～25天施用1次，第四次追肥时于切花采收后施用，供养球用。

2. 玫瑰花专用肥配方 玫瑰花专用肥推荐配方为N：P_2O_5：K_2O=（400～500）千克/公顷：（120～400）千克/公顷：（350～450）千克/公顷。另外，每公顷需要施用15～20吨的有机肥做基肥，将三要素肥料量平均分配，每月施用1次。

施肥方法：堆肥于整枝剪定后混入土壤施用，氮、磷、钾肥平均每个月施用1次，另外视情况每年每公顷施用硼砂1～3千克，土壤pH在5.5以下时可施石灰每公顷1.5～3.0吨。

3. 菊花专用肥配方　菊花专用肥推荐配方为N∶P_2O_5∶K_2O=（200～400）千克/公顷∶（150～300）千克/公顷∶（200～400）千克/公顷。另外，需要每公顷施用5～15吨堆肥做基肥。

施肥时期及分配率（%）：全部磷肥和堆肥，40%的氮、钾肥作基肥用，余下的60%氮、钾肥分3次作追肥施用。追肥时间分别于摘心后，花芽分化前施用。

4. 蝴蝶兰专用肥配方　蝴蝶兰专用肥推荐配方为N∶P_2O_5∶K_2O=（15～25）毫克/千克∶（4.5～7.0）毫克/千克∶（6.0～12.0）毫克/千克，配成营养液施用。氮、磷、钾肥每隔10天施用1次，每3天滴水1次，但可视介质内含水情况而定，夏天高温期滴水次数可增加，冬季时可减少供水次数。三要素浓度及施用次数可依植株大小、生长季节的不同酌情增减，但宜采用低浓度少量多施的方法，提供合理的肥料与水分。

第七章　耕地地力评价应用研究

第一节　耕地资源合理配置研究

一、耕地数量平衡与人口发展配置研究

灵丘县人多地少，耕地后备资源不足。2010 年有耕地 51.2 万亩，人口数量达 24.35 万人，人均耕地仅为 2.1 亩。从耕地保护形势看，由于全县农业内部产业结构调整，退耕还林，山庄撂荒、公路、乡镇企业基础设施等非农建设占用耕地，导致耕地面积逐年减少，人地矛盾将出现严重危机。从灵丘县人民的生存和全县经济可持续发展的高度出发，采取措施，实现全县耕地总量动态平衡刻不容缓。

实际上，灵丘县扩大耕地总量仍有很大潜力，只要合理安排，科学规划，集约利用，就完全可以兼顾耕地与建设用地的要求，实现社会经济的全面、持续发展；从控制人口增长，村级内部改造和居民点调整，退宅还田，坡耕地综合治理、新修河滩造地、唐河两岸生态综合治理，开发复垦土地后备资源和废弃地等方面着手增大耕地面积。

二、耕地地力与粮食生产能力分析

（一）耕地粮食生产能力

耕地生产能力是决定粮食产量的决定因素之一。近年来，由于种植结构调整和建设用地，退耕还林还草等因素的影响，粮食播种面积在不断减少，而人口在不断增加，对粮食的需求量也在增加。保证全县粮食需求，挖掘耕地生产潜力已成为农业生产中的大事。

耕地的生产能力是由土壤本身肥力作用所决定的，其生产能力分为现实生产能力和潜在生产能力。灵丘县 2010 年粮食产量统计见表 7－1。

表 7－1　灵丘县 2010 年粮食产量统计

种　类	总产量（吨）	平均单产（千克/亩）
粮食总产量	68 126	150.7
玉米	48 370	191.2
谷子	9 438	93.5
豆类	5 899.6	105
薯类	8 070.4	200

1. 现实生产能力　灵丘县现有耕地面积为 51.2 万亩，而中低产田就有 40.8 万亩，占总耕地面积的 79.75%，而且大部分为旱地。这必然造成全县现实生产能力偏低的现状。再加之农民对施肥，特别是有机肥的忽视，以及耕作管理措施的粗放，这都是造成耕

地现实生产能力不高的原因。2010年，全县农作物总播面积48.33万亩，其中：粮食播种面积为45.1万亩，粮食总产量为6.812 6万吨，平均亩产约151千克/亩；经济作物播种面积为3.25万亩，蔬菜播种面积0.354万亩。

2010年，灵丘县大田土样化验情况如下：pH：8.219，阳离子交换量：8.936厘摩尔/千克，水溶性盐分总量：0.445克/千克，有机质：12.013克/千克，全氮：0.742克/千克，碱解氮：66.3801毫克/千克，全磷：0.642克/千克，有效磷：6.719毫克/千克，全钾：19.615克/千克，缓效钾：680.596毫克/千克，速效钾：104.920毫克/千克，中微量元素：有效铁：6.783毫克/千克，有效锰：8.637毫克/千克，有效铜：1.084毫克/千克，有效锌：1.427毫克/千克，水溶态硼：0.379毫克/千克，有效钼：0.068毫克/千克，有效硫：27.997毫克/千克。

灵丘县耕地总面积51.2万亩，其中水浇地1.2万亩，占总耕地面积的2.3%，旱地50万亩，占总耕地面积的97.67%，平川区灌溉条件较好，南山区、丘陵区基本无灌溉条件，总水量的供需不够平衡。

2. 潜在生产能力　生产潜力是指在正常的社会秩序和经济秩序下所能达到的最大产量。从历史的角度和长期的利益来看，耕地的生产潜力是比粮食产量更为重要的粮食安全因素。

灵丘县土地资源较为丰富，土壤类型多，土质较好，但土地综合生产能力不够高。全县现有耕地中，一级地占总耕地面积的10.12%，二级地占总耕地面积的12.21%，三级、四级地占总耕地面积的69.8%，五级地占总耕地面积的7.87%。这就说明灵丘县耕地中，中低产田所占比例较大，而高产与低产田所占比例相对较小。而中低产田就是我们进行耕地地力评价的原因所在，要提高耕地生产水平，挖掘耕地生产潜力，增加农民收入。见表7-2。

表7-2　灵丘县耕地具体分类情况

本地等级	国家等级	面积（亩）	所占耕地比例（%）
1	5	51 791.52	10.12
2	6	62 504.06	12.21
3	7	159 467.52	31.14
4	8	197 952.89	38.66
5	9	40 303.00	7.87
合计		512 018.99	100

纵观灵丘县近年来的粮食、油料作物、蔬菜的平均亩产量和全县农民对耕地的经营状况，全县耕地还有巨大的生产潜力可挖。如果在农业生产中从提高耕地综合生产能力、加大有机肥的投入，采取平衡施肥措施和科学合理的耕作技术，全县耕地的生产能力还可以提高。从近几年全县对玉米平衡施肥观察点经济效益的对比来看，平衡施肥区较习惯施肥区的增产率都在20%左右，甚至更高。如果能进一步提高农业投入比重，提高劳动者素质，下大力气加强农业基础建设，特别是农田水利建设，稳步提高耕地综合生产能力和产出能力，多方位实现农林牧的结合就能增加农民经济收入。

（二）不同时期人口、食品构成粮食需求分析预测

农业是国民经济的基础，粮食是关系国计民生和国家自立与安全的特殊产品。从新中国成立初期到现在，全县人口数量、食品构成和粮食需求都在发生着巨大变化。新中国成立初期居民食品构成主要以粮食为主，也有少量的肉类食品，水果、蔬菜的比重很小。随着社会进步，生产的发展，人民生活水平逐步提高。到 20 世纪 80 年代初，居民食品构成依然以粮食为主，但肉类、禽类、油料、水果、蔬菜等的比重均有了较大提高。到 2010 年，全县人口增至 24.35 万，居民食品构成中，粮食所占比重明显下降，肉类、禽蛋、水产品、奶制品、油料、水果、蔬菜、食糖却都占有相当的比重。

灵丘县粮食人均需求按国际通用粮食安全 400 千克计，全县人口自然增长率以 0.6% 计，到 2020 年，共有人口 25.85 万人，全县粮食需求总量预计将达 10.34 万吨。因此，人口的增加对粮食的需求产生了极大的影响，也造成了一定的危险。

灵丘县粮食生产还存在着巨大的增长潜力。随着资本、技术、劳动投入、政策、制度等条件的逐步完善，全县粮食的产出与需求平衡，终将成为现实。

（三）粮食安全警戒线

粮食是人类生存和社会发展最重要的产品，是具有战略意义的特殊商品，粮食安全不仅是国民经济持续健康发展的基础，也是社会安定、国家安全的重要组成部分。近年来，世界粮食危机已给一些国家的经济发展和社会安定造成一定不良影响。同时，随着农资价格上涨，农户注重经济作物不重视粮食作物，种粮效益低等因素影响，农民种粮积极性不高，全县粮食单产徘徊不前，所以必须对全县的粮食安全问题给予高度重视。

2010 年，灵丘县的人均粮食占有量为 280 千克，而当前国际公认的粮食安全警戒线标准为年人均 400 千克。相比之下，两者的差距值得深思。

三、耕地资源合理配置意见

在确保粮食生产安全的前提下，优化耕地资源利用结构，合理配置其他作物占地比例。为确保粮食安全需要，对灵丘县耕地资源进行如下配置：全县现有 51.2 万亩耕地中，其中 45.1 万亩用于种植粮食，难以满足全县人口粮食需求，其余 3.25 万亩耕地用于蔬菜、水果、油料等作物生产，其中瓜菜地 0.615 万亩，占耕地面积的 1.2%；药材占地 0.05 万亩，占耕地面积的 0.1%；马铃薯类占地 4.04 万亩，占耕地面积的 7.9%；其他占地 7.8 万亩，占耕地面积的 15.2%。

根据《土地管理法》和《基本农田保护条例》划定全县基本农田保护区，将水利条件、土壤肥力条件好，自然生态条件适宜的耕地划为口粮和国家商品粮生产基地，长期不许占用。在耕地资源利用上，必须坚持基本农田总量平衡的原则。一是建立完善的基本农田保护制度，用法律保护耕地；二是明确各级政府在基本农田保护中的责任，严控占用保护区内耕地，严格控制城乡建设用地；三是实行基本农田损失补偿制度，实行谁占用、谁补偿的原则；四是建立监督检查制度，严厉打击无证经营和乱占耕地的单位和个人；五是建立基本农田保护基金，县政府每年投入一定资金用于基本农田建设，大力挖潜存量土

地；六是合理调整用地结构，用市场经营利益导向调控耕地。

同时，在耕地资源配置上，要以粮食生产安全为前提，以农业增效、农民增收的目标，逐步提高耕地质量，调整种植业结构推广优质农产品，应用优质高效，生态安全栽培技术，提高耕地利用率。

第二节　耕地地力建设与土壤改良利用对策

一、耕地地力现状及特点

耕地质量包括耕地地力和土壤环境质量两个方面，经过历时3年的调查分析，基本查清了全区耕地地力现状与特点，此次调查与评价以构成基础地力要素的立地条件、土壤条件、农田基础设施条件和主要作物玉米、马铃薯等单位面积产量水平等为依据，在全县254个行政村，春季播种前，共采集耕地土壤点位5 600个，其中2008年采样3 500个，2009年采样1 500个，2010年采样600个，采样点覆盖了全县51.2万亩耕地，48.33万亩农作物。

通过对灵丘县土壤养分含量的分析得知：全县土壤以壤质土为主，耕地土壤有机质平均含量为12.013克/千克，属省四级水平；全氮平均含量为0.742克/千克，属省四级水平；碱解氮平均含量为66.380 1毫克/千克；全磷平均含量为0.642克/千克；有效磷平均含量为6.719毫克/千克，属省五级水平；全钾平均含量为19.615克/千克；缓效钾平均含量为680.596毫克/千克，属省三级水平；速效钾平均含量为104.920毫克/千克，属省四级水平；有效铜平均含量为1.084毫克/千克，属省三级水平；有效锌平均含量为1.427毫克/千克，属省三级水平；有效铁平均含量为6.783毫克/千克，属省四级水平；有效锰平均值为8.637毫克/千克，属省四级水平；有效硼平均含量为0.379毫克/千克，属省五级水平；有效钼平均含量为0.068毫克/千克，属省六级水平；有效硫平均含量为27.997毫克/千克，属省四级水平。

（一）耕地土壤养分含量不断提高

从这次测土配方结果看，灵丘县耕地土壤养分发生了较大的变化，与全国第二次土壤普查时的耕层养分测定结果相比，30年间，土壤有机质增加了4.58克/千克，全氮增加了0.13克/千克，有效磷增加了7.62毫克/千克，速效钾增加了38.48毫克/千克。但也有一些土壤养分降低的乡镇，主要是由于有机肥施用不足，化肥施用不合理造成的。

（二）平川土壤质地好，粮食产量高

据调查，灵丘县好的耕地，主要分布在唐河两岸的一级、二级阶地，其地势平坦，土层深厚，其中大部分耕地坡度小于4°，粮食产量通过2009年、2010年高产创建，玉米最高产量达到1 200千克/亩，项目区平均亩产680千克以上。土质良好，十分有利于现代化农业的发展。

（三）耕作历史悠久，土壤熟化度高

灵丘县农业历史悠久，土质良好，加以多年的耕作培肥，土壤熟化程度高。据调查，有效土层厚度平均达100厘米以上，耕层厚度为10～30厘米，适种作物广，生

产水平高。

二、存在主要问题及原因分析

（一）中低产田面积较大

据调查，灵丘县共有中低产田面积 408 313.9 亩，占总耕地面积 79.75%，按主导障碍因素，共分为坡地梯改型、瘠薄培肥型两大类型，其中坡地梯改型 111 201.27 亩，占总耕地面积的 21.72%，占中低产田的 27.23%；瘠薄培肥型 297 112.64 亩，占总耕地面积的 58.03%，占中低产田的 72.77%。

中低产田面积大，类型多。主要原因：一是自然条件恶劣。全县地形复杂，山、川、沟、垣、壑俱全，水土流失严重；二是农田基本建设投入不足，中低产田改造措施不力；三是农民耕地施肥投入不足，尤其是有机肥施用量仍处于较低水平。

（二）耕地地力不足，耕地生产率低

灵丘县耕地虽然经过排、灌、路、林综合治理，农田生态环境不断改善，耕地单产、总产呈现上升趋势。但近年来，农业生产资料价格一再上涨，农产品价格则增加不大，农业成本较高，甚至出现种粮赔本现象，“谷贱伤农”，大大挫伤了农民种粮的积极性。一些农民耕作粗放，致使土壤结构变差，造成土壤养分恶性循环。

（三）施肥结构不合理

作物每年从土壤中带走大量养分，主要是通过施肥来补充，因此，施肥直接影响到土壤中各种养分的平衡。近几年在施肥上存在的问题，突出表现在“三重三轻”：第一，重特色作物，轻普通作物；第二，重复混肥料，轻专用肥料。随着我国化肥市场的快速发展，复混（合）肥异军突起，其应用对土壤养分的变化也有影响，许多复混（合）肥杂而不专，农民对其依赖性较大，而对于自己所种作物需什么肥料，土壤缺什么元素，并不清楚，导致盲目施肥；第三，重化肥使用，轻有机肥使用。近些年来，农民将大部分有机肥施于菜田，特别是优质有机肥，而占很大比重的耕地有机肥却施用不足。

三、耕地培肥与改良利用对策

（一）多种渠道提高土壤肥力

1. 增施有机肥，提高土壤有机质 近年来，由于农家肥来源不足和化肥的发展，全县耕地有机肥施用量不够。可以通过以下措施加以解决。

①广种饲草，增加畜禽，以牧养农。

②大力种植绿肥，种植绿肥是培肥地力的有效措施，可以采用粮肥间作或轮作制度。尤其是豆科绿肥作物，同时可以固氮，提高土壤肥力。

③大力推广秸秆还田，是目前增加土壤有机质最有效的方法。

2. 合理轮作，挖掘土壤潜力 不同作物需求养分的种类和数量不同，根系深浅不同，吸收各层土壤养分的能力不同，各种作物遗留残体成分也有较大差异。因此，通过不同作

物合理轮作倒茬，保障土壤养分平衡。要大力推广粮、菜轮作，粮、油轮作，玉米、大豆立体间、套作，莜麦、大豆轮作等技术模式，实现土壤养分协调利用。

（二）巧施氮肥

速效氮肥极易分解，通常施入土壤中的氮素化肥的利用率只有25%～50%，或者更低。这说明施入土壤中的氮素，挥发渗漏损失严重。所以在施用氮肥时一定注意施肥量、施肥方法和施肥时期，提高氮肥利用率，减少损失。

（三）重施磷肥

灵丘县地处黄土高原，属石灰性土壤，土壤中的磷常被固定，而不能发挥肥效。加上长期以来群众重氮轻磷，作物吸收的磷得不到及时补充。试验证明，在缺磷土壤上增施磷肥增产效果明显，可以增施人粪尿、畜禽肥等有机肥，其中的有机酸和腐殖酸促进非水溶性磷的溶解，提高磷素的活力。

（四）因地施用钾肥

全县土壤中钾的含量虽然在短期内不会成为限制农业生产的主要因素，但随着农业生产进一步发展和作物产量的不断提高，土壤中有效钾的含量也会处于不足状态，所以在生产中，定期监测土壤中钾的动态变化，及时补充钾素。

（五）重视施用微肥

微量元素肥料，作物的需要量虽然很少，但对提高产品产量和品质、却有大量元素不可替代的作用。

（六）因地制宜，改良中低产田

全县中低产田面积比较大，影响了耕地地力水平。因此，要从实际出发，分类配套改良技术措施，进一步提高全县耕地地力质量。

第三节　农业结构调整与适宜性种植

近些年来，灵丘县农业的发展和产业结构调整工作取得了突出的成绩，但干旱威胁严重，土壤肥力有所减退，抗灾能力薄弱，生产结构不良等问题，仍然十分严重。因此，为适应21世纪我国农业发展的需要，增强灵丘县优势农产品参与国际市场竞争的能力，有必要进一步对全县的农业结构现状进行战略性调整，从而促进全县高效农业的发展，实现农民增收。

一、农业结构调整的原则

为适应我国社会主义农业现代化的需要，在调整种植业结构中，遵循下列原则：

一是与国际农产品市场接轨，以增强全县农产品在国际、国内经济贸易的竞争力为原则。

二是以充分利用不同区域的生产条件、技术装备水平及经济基地条件，达到趋利避害，发挥优势的调整原则。

三是以充分利用耕地评价成果，正确处理作物与土壤间、作物与作物间的合理调整为原则。

四是采用耕地资源管理信息系统，为区域结构调整的可行性提供宏观决策与技术服务的原则。

五是保持行政村界线的基本完整的原则。

根据以上原则，在今后一段时间内将紧紧围绕农业增效、农民增收这个目标，大力推进农业结构战略性调整，最终提升农产品的市场竞争力，促进农业生产向区域化、优质化、产业化发展。

二、农业结构调整的依据

通过本次对全区种植业布局现状的调查，综合验证，认识到目前的种植业布局还存在许多问题，需要在区域内部加大调整力度，进一步提高生产力和经济效益。

一是按照不同地貌类型，因地制宜规划，在布局上做到宜农则农，宜林则林，宜牧则牧。

二是按照耕地地力评价出 1～5 个等级标准，在各个地貌单元中所代表面积的数值衡量，以适宜作物发挥最大生产潜力来分布，做到高产高效作物分布在 1～2 级耕地为宜，中低产田应在改良中调整。

三、土壤适宜性及主要限制因素分析

灵丘县土壤因成土母质不同，土壤质地也不一致，发育在黄土及黄土状母质上的土壤质地多是较轻而均匀的壤质土，心土及底土层为黏土。总的来说，本县的土壤大多为壤质，在农业上是一种质地理想的土壤，其性质兼有沙土和黏土之优点，而克服了沙土和黏土之缺点，它既有一定数量的大孔隙，还有较多的毛管孔隙，故通透性好，保水保肥性强，耕性好，宜耕期长，好抓苗，发小又养老。

因此，综合以上土壤特性，本县土壤适宜性强，玉米、马铃薯、小杂粮等粮食作物及经济作物，如蔬菜、西瓜、药材、苹果、杏、李、葡萄等都适宜本县种植。

但种植业的布局除了受土壤质地作用外，还要受到地理位置、水分条件等自然因素和经济条件的限制，在山地、丘陵等地区，由于此地区沟壑纵横，土壤肥力较低，土壤较干旱，气候凉爽，农业经济条件也较为落后，因此要在管理好现有耕地的基础上，将智力、资金和技术逐步转移到非耕地的开发上，大力发展林、牧业、果树等特色种植，建立农、林、牧结合的生态体系，使其成为林、牧、果品生产基地。在平原地区由于土地平坦，水源较丰富，是本县土壤肥力较高的区域，同时其经济条件及农业现代化水平也较高，故应充分利用地理、经济、技术优势，在不放松粮食生产的前提下，积极开展多种经营，实行粮、菜、果全面发展。

在种植业的布局中，必须充分考虑到各地的自然条件、经济条件，合理利用自然资源，对布局中遇到的各种限制因素，应考虑到它影响的范围和改造的可行性，合理布局生产，最大限度地、持久地发掘自然的生产潜力，做到地尽其力。

四、种植业布局及规划建议

（一）加强耕地综合生产能力建设

严格执行占用基本农田审批制度和占补平衡制度，确保2020年内耕地面积稳定在51.1万亩。实施30万亩中低产田改造工程，加强耕地综合生产能力建设；实施10万亩高标准旱作农田建设；实施5万亩节水灌溉高效农田建设。通过以上工程的建设，有效改善耕地地力和耕地质量，提高水肥利用率和耕地的产出能力。搞好农业综合开发。以改造中低产田和改善生态环境相结合为主，把耕地保护和土地治理有机结合起来，进一步调整农业项目区布局，稳定平川项目区，增加丘陵山区项目区，探索丘陵山区旱地农业综合开发的新路子。改革传统耕作方式，推行农业标准化，发展节约型农业。科学使用化肥、农药和农膜，推广测土配方施肥、平衡施肥、缓释氮肥、生物防治病虫害等实用技术。

（二）大力发展特色农业

按照全县产业发展布局，大力调整种植业结构，发展特色区域种植，建成五大特色农产品生产区。

1. 优质马铃薯生产区 以西北山区的赵北乡、东北山区的石家田、柳科乡、原银厂乡（属东河南镇）为重点，发展优质马铃薯生产，全县马铃薯面积稳定在5万亩。

主要措施：引进优质脱毒种薯，全面推广测土配方施肥技术，增施有机肥，积极推进马铃薯的产业化建设，推进规模化种植，实行产业化经营，搞好马铃薯的储藏及深加工产品开发。

2. 粮食生产区 以平川区乡镇为重点，玉米面积稳定在25万亩以上。涉及武灵镇、落水河乡、东河南镇、史庄乡等。

主要措施：引进新优品种；积极开展丰产方和高产创建活动，示范和引导农民科学种植；全面推广测土配方施肥技术；加强农田水利设施建设，提高抵御自然灾害能力。

3. 无公害蔬菜生产区 以平川灌溉农业区为中心，结合节水灌溉农业，大力发展无公害蔬菜种植，面积达到5万亩，其中设施蔬菜面积达到1万亩，蔬菜总产量达到2亿千克。

主要措施：动员全社会力量，加快设施农业建设；全县统一规划，集中连片实施；开展技术培训，提高菜农种植水平；按照地域特色，合理布局，建设蔬菜批发市场；建设蔬菜专业合作社，培训农民经纪人队伍，提高农民经纪人素质；全面推进无公害种植，加快绿色食品及无公害农产品认证步伐。

4. 特色小杂粮生产区 以东北、西北部黄土丘陵区为中心，发展优质谷、黍、豆等特色杂粮种植10万亩。涉及赵北乡、石家田乡、柳科乡等。

主要措施：大力推广旱作农业实用新技术，提高小杂粮产量和品质；推广测土配方施肥技术，增施有机肥；加快小杂粮系列产品的开发和加工与转化，加快步伐，塑造地域特色小杂粮知名品牌。

5. 干鲜果生产区 重点抓好南部山区1万亩的核桃基地，中部边山峪口3万亩的桃、杏、苹果、梨、葡萄生产基地和中部史庄等乡（镇）2 万亩的仁用杏基地建设。涉及下关乡、上寨镇、独峪乡、红石塄乡、史庄乡、武灵镇等。

主要措施：因地制宜，选择适宜灵丘县特色的品种；实行规模化种植；加强市场建设，搞好果品的储藏、加工、销售；对现有龙头企业进行升级改造，上规模、上品牌、上档次、上效益。

（三）建立健全农产品市场体系

到 2020 年，依据作物的区域布局，在全县巩固、提升、壮大 4 个功能齐全的大型农产品批发交易市场，建立健全全县各类农产品市场准入制度，在每个市场均建设一个农产品质量监测站，使农产品的质量监测达到 100%。绿色、无公害农产品认证数量达到 20 个以上。

（四）推动农业科技进步

在农业技术推广工作中，每年引进推广玉米、蔬菜等农作物品种 5～10 个，推广新技术 1～5 项，使良种应用率达到 100%，配方施肥面积达到 100%，农作物病虫害综合防治面积达到 80%，农村实用新技术入户率达到 80%。

第四节　测土配方施肥分区与无公害农产品生产对策研究

一、养分状况与施肥现状

（一）全县土壤养分状况

据灵丘县耕地地力评价结果显示，全县耕地土壤有机质、全氮、速效钾、有效铜、有效锰、有效铁平均含量都处于全省四级水平，属中等水平；有效磷平均含量为 6.719 毫克/千克，属省五级水平；缓效钾平均含量为 680.596 毫克/千克，属省三级水平；有效铜平均含量为 1.084 毫克/千克，属省三级水平；有效锌平均含量为 1.427 毫克/千克，属省三级水平；有效硼平均含量为 0.379 毫克/千克，属省五级水平；有效钼平均含量为 0.068 毫克/千克，属省四级水平；有效硫平均含量为 27.997 毫克/千克，属省四级水平。

（二）全县施肥现状

近几年，随着产业结构调整和无公害农产品生产的发展，全县施肥状况逐渐趋向科学合理。根据全县 300 个农户调查，全县有机肥施用总量为 25.6 万吨，平均亩施农家肥 500 千克，其中菜田亩施农家肥 2 000 千克。

灵丘县化肥施用总量（实物量）25 000 吨，亩均施用量 48.8 千克（实物量）。其中氮肥实物量 13 911 吨，折纯量 3 499.1 吨；磷肥实物量 6 941 吨，折纯量 1 110.6 吨；钾肥实物量 368 吨，折纯量 184 吨；复合肥实物量 3 780 吨，折纯量 2 343.6 吨。

二、存在问题及原因分析

1. 有机肥用量减少　20 世纪 70 年代以来，随着化肥工业的发展，化肥高浓缩的养分、低廉的价格、快速的效果得到广大农民的青睐，化肥用量逐年增加，从1984年到2010年全县化肥总用量由6 000吨增加到25 000吨（实物量），增长316.7%，有机肥的施用则保持不变或略有减少。进入20世纪80年代，由于农民短期承包土地思想的存在，重眼前利益，忽视长远利益，重用地，轻养地。在施肥方面重化肥施用，忽视有机肥的投入，人畜粪尿沤制大量减少，不仅使养分浪费，同时人畜粪尿也污染了环境和地下水源，有机肥使用量减少，有机肥和无机肥施用比例严重失调。

2. 肥料三要素（N.P.K）施用比例失调　第二次土壤普查后，全县根据普查结果，对缺氮少磷钾有余的土壤养分状况提出氮、磷配合施用的施肥新概念，农民施用化肥由过去的单施氮肥转变为氮磷配合施用，对全县的粮食增产起到了巨大的作用。但是在一些地方由于农民对作物需肥规律和施肥技术认识和理解不足，存在氮磷施用比例不当的问题，有的由单施氮肥变为单施磷肥，以磷代氮，造成磷的富集，土壤有效磷含量高达40～50毫克/千克，而有些地块有效磷低于5毫克/千克，极不均匀。10多年来，土壤养分发生了很大变化，土壤有效磷增幅很大，一些中高产地块土壤速效钾由有余变为欠缺。根据2009年全县化肥销量计算，全县N∶P_2O_5∶K_2O使用比例仅为1∶0.34∶0.10，极不平衡。这种现象造成氮素资源大量消耗，化肥利用率不高，经济效益低下，农产品质量下降。

3. 化肥用量不当

（1）大田化肥施用不合理：在大田作物施肥上，注重高产水地的高投入高产出，忽视中低产田的投入，据调查水地亩均纯氮投入为15～30千克，而旱地和低产田则投入很少，甚至无肥下种，只有在雨季进行少量的追肥（氮肥）。因而造成高产田块肥料浪费，而中低产田产量肥料不足，产量不高。这种不合理的化肥分配，直接影响化肥的经济效益和无公害农产品的生产。

（2）蔬菜地化肥施用超量：蔬菜是当地的一种高投入高产出的主要经济作物。农民为了追求高产，在施肥上盲目加大化肥施用量。据调查，黄瓜、番茄亩纯氮素投入最高可达50千克，其他蔬菜亩纯氮素投入也在40千克左右，而磷肥相对使用不足。这一做法虽然在短期内获得了高产和一定的经济效益，但也导致了土壤养分比例失调，氮素资源浪费，土壤环境恶化，蔬菜的品质下降，如品位下降、不耐储存、易腐烂、亚硝酸盐超标等。

4. 化肥施用方法不当

（1）氮肥浅施、表施：在氮肥施用上，农民为了省时、省力，将碳铵、尿素撒于地表，然后再翻入土中，用旋耕犁旋耕入土，有时追施化肥时将氮肥撒施地表，氮肥在地表裸露时间太长，极易造成氮素挥发损失，降低肥料的利用率。

（2）磷肥撒施：由于大多数农民对磷肥的性质了解较少，普遍将磷肥撒施、浅施，造成磷素被固定和作物吸收困难，降低了磷肥利用率，使当季磷肥效益降低。

（3）复合肥料施用不合理：20世纪80年代初期，由于土壤极度缺磷，在各种作物上施用美国复合肥磷酸二铵后表现了大幅度的增产，使老百姓在认识上产生了一个误区：美国磷二铵是最好的肥料。随着磷肥的大量使用，土壤有效磷含量明显提高，全县土壤平均有效磷含量从20世纪80年代的6.3毫克/千克增加到目前的6.719毫克/千克以上。美国磷二铵的养分结构已不能适合目前土壤的养分状况，但农民还把磷二铵单独使用，造成了磷素资源的浪费。

（4）中高产田忽视钾肥的施用：针对第二次土壤普查结果，速效钾含量较高，有 10 年左右的时间 80%的耕地施用氮、磷两种肥料，造成土壤钾素消耗日趋严重。农产品产量和品质受到严重影响。随着种植业结构的进一步调整，作物由单独追求产量变为质量和产量并重，钾肥越来越表现出提质增产的效果。

以上各种问题，将随着测土配方施肥项目的实施逐步得到解决。

三、测土配方施肥区划

（一）目的和意义

根据灵丘县不同区域地貌类型、土壤类型、养分状况、作物布局、当前化肥使用水平和历年化肥试验结果进行统计分析和综合研究，按照全县不同区域化肥肥效规律，分区划片，提出不同区域氮、磷、钾化肥适宜的品种、数量、比例以及合理施肥的方法，为全县今后一段时间合理安排化肥生产、分配和使用，特别是为改善农产品品质，因地制宜调整农业种植布局，发展特色农业，保护生态环境，促进农业可持续发展提供科学依据，进一步提高化肥的增产、增效作用。

（二）分区原则与依据

1. 原则

（1）化肥用量、施用比例和土壤类型及肥效的相对一致性。

（2）土壤地力分布和土壤速效养分含量的相对一致性。

（3）土壤利用现状和种植区划的相对一致性。

（4）行政区划的相对完整性。

2. 依据

（1）农田养分平衡状况及土壤养分含量状况。

（2）作物种类及分布。

（3）土壤地力分布特点。

（4）化肥用量、肥效及特点。

（5）不同区域对化肥的需求量。

（三）分区和命名方法

测土配方施肥区划分为二级区。一级区（用Ⅰ、Ⅱ、Ⅲ表示）反映不同地区化肥施用的现状和肥效特点。二级区（用Ⅰ$_1$、Ⅱ$_2$、Ⅲ$_3$表示）根据现状和今后农业发展方向，提出对化肥合理施用的要求。Ⅰ级区按地名+主要土壤类型+氮肥用量+磷肥用量+钾肥肥效相结合的命名法。氮肥用量按每季作物每亩平均施氮量划分为高量区（12 千克以上）、中量区（7.1～12 千克）、低量区（5.1～7 千克）、极低量区（5 千克以下）；磷肥用量按每季作物每亩平均施用 P_2O_5量划分为高量区（7 千克以上）、中量区（3.6～7 千克）、低量区（1.5～3.5 千克）、极低量区（1.5 千克以下）；钾肥肥效按每千克 K_2O 增产粮食千克数划分为高效区（6 千克以上）、中效区（4.1～6 千克）、低效区（2.1～4 千克）、未显效区（2千克以下）。Ⅱ级区按地名地貌＋作物布局＋化肥需求特点的命名法命名。根据农业生产指标，对今后氮、磷、钾肥的需求量，分为增量区（需较大幅度增加用量，增加量大于20%），补量区（需少量增加用量，增加量小于20%），稳量区（基本保持现有用量），减量区（降低现有用量）。

（四）分区概述

根据以上分区原则、依据和方法和全县地貌、地型和土壤肥力状况，按照化肥区划分区标准和命名方法，将全县测土配方施肥区划分为3个主区（一级区），6个亚区（二级区）。见表7-3。

表7-3　灵丘县测土配方施肥区划分区

主区	亚区	乡镇名称	行政村数	面积（万亩）	占耕地总面积的百分比%	行政村名
Ⅰ．中部平川区氮磷肥中高量钾肥中效区	$Ⅰ_1$．平川一级、二级阶地蔬菜、玉米氮磷减量钾肥增量微肥补量区	东河南、落水河、武灵镇、史庄的平川区	68	18.915 1	37.0	亭之岭、燕家湾、峰北、古之河、三合地、王品、六合地、古树、东河南、水涧、蔡家峪、小寨、野里、大北地、北张庄、清泥涧、韩淤地，丁山底、南梁、千树洼、陈南、南园、古之山·落水河、乐陶山、三山王庄、腰站北沟、南淤地、固城、孤山、北水芦、门头西庄、门头南庄、安甲、驼梁、西武庄、东武庄、李家庄、五福地、刘家庄、三成地、庄头、代家庄、黑龙河、沙嘴、大作、灵源、西关、西坡、东关、作新、南水芦、高家庄、西驼水、唐之洼、东福田、后山角、前山角、沙涧、东驼水、上南地、石磊、下南地、张旺沟、涧测、西口头，史庄，韩坪
	$Ⅰ_2$．平川洪积平原玉米氮肥稳量磷肥钾肥补量区	东河南、落水河、武灵镇、史庄的平川区	37	2.246 2	4.4	燕家湾、蔡峪、东河南、三合地、六合地、古之河、古树、固城、北水芦、门头西庄、门头南庄、上南地、下南地、后山角、前山角、黑龙河、作新、大作、沙坡、高家庄、南水芦、东福田、西福田、史庄、韩坪、王村、甄村。巨羊驼村、胡沟村、东坡村、苏地村、大涧村、三山村、落水河村、新庄村、南黑涧沟村、上堡村
Ⅱ．北部低山丘陵玉米谷黍杂粮氮肥中高量磷肥中量钾肥低效区	$Ⅱ_1$．西北部山区黄土丘陵区增氮补磷钾区	赵北、东河南镇部分	47	9.697 8	18.9	赵北、联庄、六石山、栽蒜沟、下线峪、上红峪、白马寺、黄石坨、鹿沟、东沟、白崖峪、辛安庄、小寨沟、养家会、月返、王成庄、寺峪、红山、草滩、慢山、西沟、谷地沟、上庄、下庄、白台、寺沟、西白洋、窨沟、岭底、寒风岭、南岭北、南兑沟、介草沟、白草沟、战刀会、龙王池、康庄、石墙、店坊台、冯沟、跃沟、湾子、油房沟、鹿沟、尧峪、多辉、灵源寺

（续）

主区	亚区	乡镇名称	行政村数	面积（万亩）	占耕地总面积的百分比%	行政村名
Ⅱ．北部低山丘陵玉米谷黍杂粮氮肥中高量磷肥中量钾肥低效区	$Ⅱ_2$．东北山区黄土丘陵区增氮补磷钾区	柳科、石家田、落水河部分地区	51	12.387 2	24.2	下彭庄、上彭庄、王庄、塔地、北上庄、白北堡、白南堡、苟庄、磨石沟、水土安、牛角岭、伊家店、荞麦川、小彦、刁泉、南坑、抢头岭、太那水、鹿沟、焦庄、贾庄、马头关、孙庄、马湾、义泉岭、石窑、温北堡、温东堡、牛角坝、石家田、下北罗、上北罗、东张庄、鹿角、招柏、乔庄、井沟、白羊铺、腰站、北沟、安甲、郭庄、东林、徐台、新生、天沟、黑见沟、孤山、东坡、新河峪、三山
Ⅲ．南部山区氮磷肥中量钾肥低效区	$Ⅲ_1$．南部山区马铃薯豆类杂粮氮肥磷肥稳量钾肥补量区	东河南镇银厂一带（原银厂乡）、白崖台	24	2.379 8	4.6	银厂、土门、东岗、干河沟、水泉、羊山沟、野里、蒜玉门、辛庄、关沟、跑池、铺西、白崖台、长城、张庄、烟云崖、古路河、冉庄、斗方石、王村铺、王巨村、李台、长沟、来湾
	$Ⅲ_2$．南部山区豆类杂粮氮肥稳量磷肥增量钾肥补量区	上寨、独峪、红石塄、下关	88	5.573 9	10.9	庄沟、串岭、井上、南坡、雁翅、新建、梦洋、石矾、王寨、上寨、上寨南、祁庄、东沟、和托、下寨南、下寨北、口头、南庄、刘庄、黄土、白台、焦沟、狼牙沟、富家湾、南降、杏树台、荞麦茬、大地、二岭寺、龙须沟、道八、庄旺沟、大兴庄、小兴庄、独峪、张家湾、鹅毛、杜家河、豹子口头、站上、站上铺、振华峪、北沟、东庄、古道沟、花塔、牛邦口、三楼、西漕沟、曲回寺、河浙、沟掌、龙玉池、边台、沙湖门、上车河、下车河、赏山、下沿河、下沿河、红石塄、稍沟、白沟、上北泉、下北泉。下关、白水岭、岗河、中庄、上关、岸底、西峪、老湾沟、杨庄、女儿沟、宽草坪、六沙台、龙堂会、铁角台、南铺、木佛台、铜崖、谢子坪、西湾、刘坊、大高石、小高石、梨园

Ⅰ．中部平川褐土性土、潮土氮磷肥中高量钾肥中效区

该区面积 21.161 亩，占耕地面积的 41.3%，包括 4 个乡（镇）105 个行政村。

地形部位：河流一级、二级阶地、高河漫滩，洪积平原中下部；母质：冲积母质、洪积母质、灌淤母质、人工堆垫母质、黄土状母质等；土壤类型：灌淤石灰性褐土、冲积潮土、黄土质褐土性土；本县土壤肥力较高的区域，灌溉条件良好、施肥水平较高，地势平坦、位置优越、交通便利，为全县粮食、蔬菜主产区。该区分 2 个亚区。

$Ⅰ_1$．平川二级阶地蔬菜、玉米氮磷减量钾肥增量微肥补量区

该区面积 18.915 1 万亩，占耕地面积的 37%，包括 4 个乡（镇）68 个行政村。

地形部位：河流一级、二级阶地、高河漫滩；母质：冲积母质、洪积母质、黄土状母质、灌淤母质、人工堆垫母质等；土壤类型：灌淤石灰性褐土、冲积潮土、黄土质褐土性

土；全县土壤肥力最高的区域，灌溉条件好、灌溉保证率70%、施肥水平较高，地势平坦、位置优越、交通便利，为全县蔬菜主产区，农业发展水平高，亩产玉米多在900～1 100千克，蔬菜产量2 500～5 000千克，投入大，产出也多。

养分含量：有机质8.5～34.1克/千克，平均值14.5克/千克；全氮0.43～2.1克/千克，平均值0.69克/千克；有效磷6.5～56毫克/千克，平均值6.33毫克/千克；速效钾42～745毫克/千克，平均值95毫克/千克（此为估值）。

优势、劣势分析：大量使用氮磷化肥，高产玉米地施用纯氮30～40千克/亩，纯磷8～12千克/亩，肥料种类以尿素和磷酸二铵为主，蔬菜的施肥量甚至更多，钾肥用量相对较少，只是在蔬菜区部分地块有钾肥投入，部分玉米地使用复合肥也补充一部分钾肥。氮磷钾比例失调。

建议：通过对本区地理位置，灌溉条件和土壤养分含量状况等综合分析，该区在今后农业生产中应以发展商品蔬菜和高产玉米为主，施肥上应该减少氮肥控制磷肥增加钾肥，轻度盐化潮土，有效锌低于0.55毫克/千克，每亩施用纯硫酸锌1.5～2千克，蔬菜亩施N 25～30千克，P_2O_5 8～12千克，K_2O 5～18千克；玉米亩产850～1 200千克，施纯氮25～30千克/亩，纯五氧化二磷8～10千克/亩，纯氧化钾4～6千克/亩。

I_2.平川洪积平原玉米氮肥稳量磷肥钾肥补量区

该区面积2.246 2万亩，占耕地面积的4.4%，包括4个乡（镇）37个行政村。

地形部位：河流一级、二级阶地、高河漫滩，洪积平原中下部；母质：冲积母质、洪积母质、黄土状母质等；土壤类型：灌淤石灰性褐土、冲积潮土、黄土质褐土性土；本县土壤肥力较高的区域，灌溉条件良好、灌溉保证率30%、施肥水平相对较高，地势相对平坦、位置优良、交通便利，为全县粮食主产区，玉米亩产800～1 000千克。

养分含量：有机质7.4～26.6克/千克，平均值12.4克/千克；全氮0.22～1.7克/千克，平均值0.65克/千克；有效磷2.9～41.1毫克/千克，平均值5.59毫克/千克；速效钾86～683毫克/千克，平均值91毫克/千克（此为估值）。

优势、劣势分析：大量使用氮磷化肥，高产玉米地施用纯氮25～40千克/亩，纯磷8～12千克/亩，肥料种类以尿素和磷酸二铵为主，钾肥用量相对较少，只是部分玉米地使用复合肥才能补充一部分钾肥。

建议：本区土壤相对肥沃，水资源丰富，地势平坦，灌溉条件良好，交通方便，为全县粮食主产区，玉米产量一般在800～1 000千克。该区应该向蔬菜种植发展，以充分利用有利的地理条件和土壤条件。土壤肥力高的地区，可增加蔬菜种植规模，提高耕地的产出效益。玉米亩产900～1 100千克，施纯氮22～28千克/亩，纯五氧化二磷6～11千克/亩，纯氧化钾3～5千克/亩。

Ⅱ.北部低山丘陵黄土质褐土性土玉米谷黍杂粮氮肥中高量磷肥中量钾肥低效区

该区面积22.085万亩，占总耕地面积的43.1%，包括5个乡（镇）98个行政村。

地形部位：低山、黄土丘陵，黄土梁、黄土峁、黄土台地等，洪积平原中上部；母质：残积母质、洪积母质、沟淤母质、黄土质母质、黄土状母质，砂页岩风化物等；土壤类型：黄土质褐土性土、沟淤褐土性土；本县土壤肥力较低的区域，黄土丘陵为主，地表大部分为黄土覆盖，水土流失严重，有机质及有效养分含量低，无灌溉条件、地下水补给困难，地表起伏较大，发展灌溉比较困难，交通不便，农业发展水平低。

Ⅱ₁. 西北部山区黄土丘陵区增氮补磷钾区

该区面积 9.697 8 万亩，占总耕地面积的 18.94%，包括 2 个乡镇 47 个行政村。

养分含量：有机质 2.9～63.7 克/千克，平均值 12.78 克/千克；全氮 0.232～2.088 克/千克，平均值 0.71 克/千克；有效磷 0.4～83.7 毫克/千克，平均值 8.01 毫克/千克；速效钾 10～456 毫克/千克，平均值 110.75 毫克/千克（此为赵北化验数据）。

优势、劣势分析：本区土壤肥力较低，水资源缺乏，地势起伏大，无灌溉条件，交通不便，为全县马铃薯的主产区，玉米产量一般较低，水土流失严重，土壤肥力不高，氮磷肥用量不足，投入少产出也少，施肥结构上，以氮肥为主，磷肥用量不足，钾肥基本不用。种植作物为玉米、谷黍等，干旱缺水是该区的最大障碍。

建议：由于水土流失较重，建议以保持水土为目的，增加退耕还林、还牧的比例，增加植被覆盖度，种植作物的地块，首先要加固和修筑梯田，控制水土流失的发生。施肥上，马铃薯产量 1 500～3 000 千克/亩，可施纯氮 8.5～15 千克/亩，纯五氧化二磷 4.5～7.0 千克/亩，钾肥 12 千克/亩。同时增加锌肥的用量，每亩施硫酸锌 2 千克。

Ⅱ₂. 东北山区黄土丘陵区增氮补磷钾区

该区面积 12.387 2 万亩，占总耕地面积的 24.19%，包括 4 个乡（镇）51 个行政村。

养分含量：有机质 2.9～52.3 克/千克，平均值 11.18 克/千克；全氮 0.224～2.027 克/千克，平均值 0.7 克/千克；有效磷 0.7～71.9 毫克/千克，平均值 6.445 毫克/千克；速效钾 14～629 毫克/千克，平均值 114.625 毫克/千克（此为石家田等化验数据平均）。

优势劣势分析：本区土壤肥力较低，水资源缺乏，地势起伏大，无灌溉条件，交通不便。

本区为省小杂粮生产基地，所产谷黍品质优良，口感好，深受消费者欢迎。但氮磷肥用量不足，投入少产出也少，施肥结构上，以氮肥为主，磷肥用量不足，钾肥基本不用。另处，缺水是该区的最大障碍。

建议：由于水土流失较重，建议以保持水土为目的，增加退耕还林、还牧的比例，增加植被覆盖度，种植作物的地块，首先要加固和修筑梯田，控制水土流失的发生。施肥上谷黍等作物可适当增加氮磷肥使用量，产量在 300 千克/亩以上的地块，氮肥（N）用量推荐为 10～12 千克/亩，磷肥（P_2O_5）8～10 千克/亩，土壤速效钾含量＜100 毫克/千克适当补施钾肥（K_2O）1～2 千克/亩。亩施农家肥 3 000 千克以上。可用 1/3～1/2 氮肥做追肥，选择抗旱抗极薄的品种，减少干旱的危害。

Ⅲ. 南部山区氮磷肥中量钾肥低效区

该区面积 7.953 7 万亩，占总耕地面积的 15.53%，包括 6 个乡（镇）112 个行政村。

地形部位以山区丘陵为主，沟谷、梁、峁、坡，河流冲积平原的河漫滩，河流一级、二级阶地，洪积扇上部，山前洪积平原，山地、丘陵（中、下）部的缓坡地段，近代河床低阶地等。母质：黄土母质，壤质黄土母质，坡积物，冲积物，土质洪积物，黄土状母质，洪积物，砾质洪积物等；土壤类型：洪积潮土、硫酸盐盐化潮土、冲积潮土、麻沙质中性粗骨土、黄土质褐土性土、麻沙质褐土性土、麻沙质淋溶褐土、洪积褐土性土、沟淤褐土性土、黄土质石灰性褐土、灰泥质褐土性土、黄土质淋溶褐土、麻沙质山地草原草甸土等；部分地区土壤肥力较高，但大多数地区肥力较低，大部分为坡地和梯田，砾石较多，地表起伏较大，极易水土流失，发展灌溉比较困难，交通不便，农业发展水平低。该区分 2 个亚区。

Ⅲ₁. 南部山区马铃薯豆类杂粮氮肥磷肥稳量钾肥补量区

该区面积 2.379 8 万亩，占总耕地面积的 4.65%，包括 2 个乡（镇）24 个行政村。

地形部位：中低山上、中部坡腰，山地、丘陵（中、下）部的缓坡地段，沟谷、梁、峁、坡，近代河床低阶地。母质：冲积物、黄土母质、壤质黄土母质、坡积物等；土壤类型：冲积潮土、黄土质褐土性土、黄土质淋溶褐土、麻沙质褐土性土等；本县土壤肥力较低的区域，低山为主，大部分为坡地和梯田，砾石较多，地表起伏较大，极易水土流失。但有机质含量与矿质养分相对要高，降水量稍高，灌溉条件、地下水补给困难，地表水起伏较大，发展灌溉比较困难，交通不便，农业发展水平低。

养分含量：有机质 6.6～28.3 克/千克，平均值 16.47 克/千克；全氮 0.45～2.13 克/千克，平均值 1.00 克/千克；有效磷 0.8～29.4 毫克/千克，平均值 4.91 毫克/千克；速效钾 29～254 毫克/千克，平均值 80.74 毫克/千克（原银厂乡数据）。

优势、劣势分析：低山区交通不便，气候冷凉，植被生长良好，有利于有机物质的积累，土壤有机质含量高，土壤养分比较丰富，全氮、有效磷含量比较高，钾肥基本不用，速效钾含量不高，坡地居多，水土流失较重，种植作物以马铃薯、豆类杂粮为主，牧草、牧坡较多，畜牧业发达，有机肥用量较多，这也是养分丰富的原因。

建议：施肥上继续注意施用有机肥的同时，注意氮磷钾的平衡使用，注意氮磷钾比例，适当增加钾肥的用量，如高浓度的氮磷钾复合肥、马铃薯配方肥（19－16－5）、磷酸二铵等，既减少运输的费用，又能保证作物的营养供应，每亩纯氮、纯五氧化二磷、纯氧化钾的投入数量：马铃薯（800～1 100 千克/亩）分别为 5～6.5 千克/亩、4～5 千克/亩、1.5～2.5 千克/亩；玉米（400～500 千克/亩）分别为 12～13 千克/亩、3～4 千克/亩、1.5～2.0 千克/亩。

Ⅲ₂. 南部山区豆类杂粮氮肥稳量磷肥增量钾肥补量区

该区面积 5.573 9 万亩，占总耕地面积的 10.89%，包括 4 乡（镇）88 个行政村。

地形部位：以河流冲积平原的河漫滩，近代河床低阶地，中低山上、中部坡腰，沟谷、梁、峁、坡，洪积扇上部，沟谷地，河流一级、二级阶地，前洪积平原。

母质：冲积物、坡积物、黄土母质、壤质黄土母质、砾质洪积物、黄土状母质、洪积物、土质洪积物等；土壤类型：洪积潮土、硫酸盐盐化潮土、冲积潮土、麻沙质中性粗骨土、黄土质褐土性土、麻沙质褐土性土、麻沙质淋溶褐土、洪积褐土性土、沟淤褐土性土、黄土质石灰性褐土、灰泥质褐土性土、黄土质淋溶褐土、麻沙质山地草原草甸土等；土壤肥力分布不均，部分地区土地肥沃，但大多数地区土壤贫瘠。大多数地区以低山为主，大部分为坡地和梯田，砾石较多，地表起伏较大，极易水土流失，有机质含量较矿质养分丰富，降水量稍高，灌溉条件、地下水补给困难，地表水起伏较大，发展灌溉比较困难，交通不便，农业发展水平低。

养分含量：有机质 3.4～45.4 克/千克，平均值 16.56 克/千克；全氮 0.235～2.93 克/千克，平均值 0.99 克/千克；有效磷 0.4～11 毫克/千克，平均值 7.86 毫克/千克；速效钾 23～459 毫克/千克，平均值 134.74 毫克/千克（南部山区平均）。

优势、劣势分析：低山区交通不便，气候多变，个别地区气温较全县平均值高。植被生长良好，有利于有机物质的积累，土壤有机质含量高，土壤养分比较丰富，全氮、有效磷含量比较高，钾肥基本不用，速效钾含量不高，坡地居多，水土流失较重，种植作物以马铃薯、蔬菜、豆类杂粮为主，牧草、牧坡较多，畜牧业发达，有机肥用量较多，这也是养分丰富的原因。

建议：施肥上继续注意施用有机肥的同时，注意氮磷钾的平衡使用，注意氮磷钾比例，适当增加钾肥的用量，如高浓度的氮磷钾复合肥、马铃薯配方肥（19-16-5）、磷酸二铵等，既减少运输的费用，又能保证作物的营养供应，每亩纯氮、纯五氧化二磷、纯氧化钾的投入数量：马铃薯（800～1 100 千克/亩）分别为 5～6.5 千克/亩、4～5 千克/亩、1.5～2.5 千克/亩；玉米（400～500 千克/亩）分别为 12～13 千克/亩、3～4 千克/亩、1.5～2.0 千克/亩。

（五）提高化肥利用率的途径

1. 统一规划，着眼布局 搞好平衡施肥区划，对全县农业生产起着整体指导和调节作用，应用中要宏观把握，明确思路。以地貌类型、土壤类型、肥料效应及行政区域为基础划分的 3 个化肥肥效一级区和 6 个化肥合理施用二级区，提供的施肥量是建议施肥量，具体到各区各地因受不同地型部位和不同土壤亚类的影响，在施肥上不能千篇一律，死搬硬套，应以化肥使用区划为依据，结合当地实际情况确定合理科学的施肥量。

2. 因地制宜，节本增效 全县地形复杂，土壤肥力差异较大，各区在化肥使用上一定要本着因地制宜，因作物制宜，节本增效的原则，通过合理施肥及相关农业措施，不仅要达到节本增效的目的，而且要达到用养结合，培肥地力的目的，变劣势为优势。对坡降较大的丘陵、沟壑和山前倾斜平原区要注意防治水土流失，实施退耕还林，整修梯田，林农并举。

3. 秸秆还田，培肥地力 运用合理施肥方法，大力推广秸秆还田，提高土壤肥力，增加土壤团粒结构，同时合理轮作倒茬，用养结合。有机无机相结合，氮、磷、钾、微肥相结合。

总之，要科学合理施用化肥，以提高化肥利用率为目的，以达到增产增收增效。

四、无公害农产品生产与施肥

无公害农产品是指产地环境，生产过程和产品品质均符合国家有关标准和规范的要求，经认证合格，获得认证证书并允许使用无公害农产品标志的未经加工或初加工的农产品。无公害农产品生产管理技术是当前最先进的农业科学生产技术，它是在综合考虑作物的生长特性、土壤供肥能力和病虫害防治以及其他环境因素的情况下，制定农作物的合理管理方案，以科学的投入，保证作物健壮生长并获得最高产量和优良品质的管理技术。应用此技术可以维持土壤养分平衡，减少滥用化学产品对环境的污染，达到优质、高产、高效的目的。

（一）无公害农产品的施肥原则

1. 养分充足原则　无公害农产品的肥料使用必须满足作物对营养元素的需要，要有足够数量的有机物质返回土壤。

2. 无害化原则　有机肥料必须经过高温发酵，以杀灭各种寄生虫卵、病原菌和杂草种子，使之达到无害化卫生标准。

3. 有机肥料和微生物肥料为主的原则　科学使用有机肥不但能增加作物产量，而且能提高农产品的营养品质、食味品质、外观品质，同时还可以改善食品卫生，净化土壤环境；微生物肥料可以提供固氮、补磷、补钾等多种微生物菌种，提高土壤有益生物活性，微生物活动还能降低地下水和食品中的硝酸盐含量，缓解水体富营养化。

（二）无公害农产品的施肥品种

1. 选用优质农家肥　农家肥是指含有大量生物物质、动植物残体、人畜排泄物、生物废弃物等有机物质的肥料。在无公害农产品的生产中，一定要选用足量的经过无害化处理的堆肥、沤肥、厩肥、饼肥等优质农家肥作基肥，确保土壤肥力逐年提高，满足无公害农产品生产的需要。

2. 选用合格商品肥　在无公害农产品生产过程中使用的商品肥料有精制有机肥料、有机无机复混肥料、无机肥料、腐殖酸类肥料、微生物肥料等，禁止使用含硝态氮的肥料、重金属含量超标的矿渣肥料等。所以生产无公害农产品时一定要选用合格许可的商品肥料。

（三）无公害农产品生产的施肥技术

1. 有机肥为主、化肥为辅　在无公害农产品生产过程中一定要坚持以有机肥为主，化肥为辅。要大量增施有机肥，促进无公害农产品生产。为此要大力发展畜牧业，沤制农家肥；积极推广玉米秸秆还田技术；因地制宜种植绿肥，合理进行粮肥轮作；加快有机肥工厂化生产进程，扩大商品有机肥的生产和应用。

2. 合理调整肥料用量和比例　首先要合理调整化肥与有机肥的施用比例，有机肥和无机肥所提供的养分比例逐步调整到1∶1，充分发挥有机肥在无公害农产品生产中的作用；其次，要控制氮肥用量，实施补钾工程，根据不同作物、不同土壤，合理调整化肥中氮、磷、钾的施用数量和比例，实现各种营养元素平衡供应。目前，特别在蔬菜生产过程中盲目大量施用氮肥，在造成肥料浪费的同时，也降低了蔬菜的品质，污染了农田环境。在无公害农产品生产过程中一定要注意这个问题。

3. 改进施肥方法，促进农田环境改善　施肥方法不当，不仅直接影响肥料利用率，影响作物生长和产量，而且会污染农田生态环境。因此，确定合理的施肥方法，以改善农田生态环境是农产品优质化的又一途径。氮素化肥深施，磷素化肥集中施用是提高化肥利用率，减少损失浪费和环境污染的主要措施。因此，首先要大力推广化肥深施技术，杜绝氮素化肥撒施和表施，减少挥发、淋失、反硝化所造成的污染，提高氮素化肥利用率；其次，在有条件的地方变单一的土壤施肥为土施与叶面喷施相结合，以降低土壤溶液浓度，净化土壤环境；再次，适时追肥，化肥用于追肥时，叶菜类最后一次追肥必须在收获前30天进行；另外，实现化肥与厩肥，速效肥与缓效肥，基肥与种肥、追肥合理配合施用，抑制硝酸盐、重金属等污染物对农产品的污染，大力营造农产品优质化的农田环境。

五、不同作物无公害生产的施肥标准

优良的农作物品种是决定农作物产量和品质的内因，但能否在生产中实现高产优质，还得依赖于水分、阳光、温度、土肥等外界条件，特别是农作物高产优质的物质基础肥料，起着关键性的保证作用。因此科学合理的施肥标准对农作物增产丰收有着十分重要的意义。通过此次调查，针对全县农业生产基本条件，种植作物种类、土壤肥力养分含量状况，无公害农产品生产施肥总的思路是：以节本增效为目标，立足抗旱栽培，着眼于优质、高产、高效、生态安全。着力提高肥料利用率，采取减氮、稳磷、补钾、配微的原则，在增施有机肥和保持化肥施用总量基本平衡的基础上，合理调整养分比例，普及科学施肥方法。

根据灵丘县土壤养分特点，制定全县主要作物无公害施肥标准如下：

1. 玉米 高水肥地，亩产 600 千克以上，亩施 N 15～18 千克，P_2O_5 7.0 千克，K_2O 5.0 千克，硫酸锌 1.5 千克。中水肥地，亩产 300～600 千克，亩施 N 8～12 千克，P_2O_5 5～6 千克，硫酸锌 1.5 千克，旱地玉米，亩施 N 5.0 千克，P_2O_5 4.0 千克，K_2O 3.0 千克，硫酸锌 1.5 千克。

2. 蔬菜 叶菜类：白菜、甘蓝等，一般亩产 3 000～4 000 千克，亩施有机肥 3 000 千克以上，N 15～20 千克，P_2O_5 7～9 千克，K_2O 5～7 千克。果菜类：如番茄、黄瓜、青椒、黄花菜等，一般亩产 4 000～5 000 千克，亩施有机肥 3 000 千克，N 20～25 千克，P_2O_5 10～15 千克，K_2O 10～15 千克。

3. 马铃薯 一般亩产 1 000～1 500 千克，亩施有机肥 2 000 千克，N 7.0～8.0 千克，P_2O_5 4～6 千克，K_2O 5～7 千克。

4. 豆类 一般亩产 150 千克左右，亩施 N 2.5～3.5 千克，P_2O_5 3～4.5 千克，每千克豆种用 4 克钼酸铵拌种。

5. 谷黍 一般亩产 200 千克，亩施 N 4.0～5.0 千克，P_2O_5 2.0～3.0 千克。

第五节 耕地质量管理对策

耕地地力调查与质量评价成果为全县耕地质量管理提供了依据，耕地质量管理决策的制定，成为全县农业可持续发展的核心内容。

一、建立依法管理体制

（一）工作思路

以发展优质高效、生态、安全农业为目标，以耕地质量动态监测管理为核心，以土壤改良利用为重点，通过农业种植业结构调查，合理配置现有农业用地，逐步提高耕地地力水平，满足人民日益增长的农产品需求。

（二）建立完善行政管理机制

1. 制定总体规划　坚持“因地制宜、统筹兼顾，局部调整、挖掘潜力”的原则，制定全县耕地地力建设与土壤改良利用总体规划，实行耕地用养结合，划定中低产田改良利用范围和重点，分区制定改良措施，严格统一组织实施。

2. 建立依法保障体系　制定并颁布《灵丘县耕地质量管理办法》，设立专门监测管理机构，县、乡、村三级设定专人监督指导，分区布点，建立监控档案，依法检查污染区域项目治理工作，确保工作高效到位。

3. 加大资金投入　县委、县政府要加大资金支持，县财政每年从支农资金中列支专项资金，用于全县中低产田改造和耕地污染区域综合治理，建立财政支持下的耕地质量信息网络，推进工作有效开展。

（三）强化耕地质量技术实施

1. 提高土壤肥力　组织县、乡农业技术人员实地指导，组织农户合理轮作，平衡施肥，安全施药、施肥，推广秸秆还田、种植绿肥、施用生物菌肥，多种途径提高土壤肥力，降低土壤污染，提高土壤质量。

2. 改良中低产田　实行分区改良，重点突破。灌溉改良区重点抓好灌溉配套设施的改造、节水浇灌、挖潜增灌、扩大水浇地面积，丘陵、山区中低产区要广辟肥源，深耕保墒，轮作倒茬，粮草间作，扩大植被覆盖率，修整梯田，达到增产增效目标。

二、建立和完善耕地质量监测网络

随着灵丘县工业化进程的不断加快，工业污染日益严重，在重点工业生产区域建立耕地质量监测网络已迫在眉睫。

1. 设立组织机构　耕地质量监测网络建设，涉及环保、土地、水利、经贸、农业等多个部门，需要县政府协调支持，成立依法行政管理机构。

2. 配置监测机构　由县政府牵头，各职能部门参与，组建灵丘县耕地质量监测领导组，在县环保局下设办公室，设定专职领导与工作人员，建立企业治污工程体系，制定工作细则和工作制度，强化监测手段，提高行政监测效能。

3. 加大宣传力度　采取多种途径和手段，加大《环保法》宣传力度，在重点排污企业及周围乡村印刷宣传广告，大力宣传环境保护政策及科普知识。

4. 监测网络建立　灵丘县依据这次耕地质量调查评价结果，划定安全、非污染、轻污染、中度污染、重污染五大区域，每个区域确定10～20个点，定人、定时、定点取样监测检验，填写污染情况登记表，建立耕地质量监测档案。对污染区域的污染源，要查清原因，由县耕地质量监测机构依据检测结果，强制企业污染限期限时达标治理。对未能限期达标企业，一律实行关停整改，达标后方可生产。

5. 加强农业执法管理　由县农业、环保、质检行政部门组成联合执法队伍，宣传农业法律知识，对市场化肥、农药实行市场统一监控、统一发布，将假冒农用物资一律依法查封销毁。

6. 改进治污技术　对不同污染企业采取烟尘、污水、污碴分类科学处理转化。对工业污染河道及周围农田，采取有效的物理、化学降解技术，降解铅、镉及其他重金属污染物，并在河道两岸50米栽植花草、林木、净化河水，美化环境；对化肥、农药污染农田，要划区治理，积极利用农业科研成果，组成科技攻关组，应用降解剂，逐步消解污染物。

7. 推广农业综合防治技术 在增施有机肥降解大田农药、化肥及垃圾废弃物污染的同时，积极宣传推广微生物菌肥，以改善土壤的理化性状，改变土壤溶液酸碱度，改善土壤团粒结构，减轻土壤板结，提高土壤保水、保肥性能。

三、农业税费政策与耕地质量管理

目前，农业税费改革和粮食补贴政策的出台极大调整农民粮食生产积极性，成为耕地质量恢复与提高的内在动力，对全县耕地质量的提高具有以下几个作用：

1. 加大耕地投入，提高土壤肥力 目前，全县山区、丘陵面积大，中低产田分布区域广，粮食生产能力较低。税费改革政策的落实有利于提高单位面积耕地养分投入水平，逐步改善土壤养分含量，改善土壤理化性状，提高土壤肥力，保障粮食产量恢复性增长。

2. 改进农业耕作技术，提高土壤生产性能 农民积极性的调动，成为耕地质量提高的内在动力，将促进农民平田整地，耙耱保墒，加强耕地机械化管理，缩减中低产田面积，提高耕地地力等级水平。

3. 采用先进农业技术，增加农业效益 采取有机旱作农业技术，合理优化适栽技术，加强田间管理，节本增效，提高农业效益。

农民以田为本，以田谋生，农业税费政策出台以后，土地属性发生变化，农民由有偿支配变为无偿使用，成为农民家庭财富的一部分，对农民增收和国家经济发展将起到积极的推动作用。

四、扩大无公害农产品生产规模

在国际农产品质量标准市场一体化的形势下，扩大全县无公害农产品生产成为满足社会消费需求和农民增收的关键。

（一）理论依据

综合评价结果，耕地无污染的为零，果园无污染的为零，适合生产无公害农产品，适宜发展绿色农业生产。

（二）扩大生产规模

在灵丘县发展绿色无公害农产品，扩大生产规模，要根据耕地地力调查与质量评价结果为依据，充分发挥区域优势，合理布局，规模调整。一是粮食生产上，在全县发展15万亩无公害优质玉米，10万亩无公害优质小杂粮；二是在蔬菜生产上，发展无公害蔬菜18万亩，日光温室500栋；三是发展无公害优质马铃薯6万亩。

（三）配套管理措施

1. 建立组织保障体系 设立灵丘县无公害农产品生产领导组，下设办公室，地点在县农业委员会。组织实施项目列入县政府工作计划，单列工作经费，由县财政负责执行。

2. 加强质量检测体系建设　成立县级无公害农产品质量检验技术领导组，县、乡下设两级监测检验的网点，配备设备及人员，制定工作流程，强化监测检验手段，提高检测检验质量，及时指导生产基地技术推广工作。

3. 制定技术规程　组织技术人员建立全县无公害农产品生产技术操作规程，重点抓好平衡施肥，合理施用农药，细化技术环节，实现标准化生产。

4. 打造绿色品牌　重点实施好无公害蔬菜、果品等生产。

五、加强农业综合技术培训

自20世纪80年代起，灵丘县就建立起县、乡、村三级农业技术推广网络。县农业技术推广中心牵头，搞好技术项目的组织与实施，负责划区技术指导，各乡（镇）统一配备一名科技副乡长，行政村配备1名科技副村长，在全县设立农业科技示范户。先后开展了玉米、蔬菜、水果、小杂粮、马铃薯等优质高产高效生产技术培训，推广了旱作农业、生物覆盖、玉米地膜覆盖、双千创优工程及设施蔬菜"四位一体"综合配套技术。

现阶段，灵丘县农业综合技术培训工作一直保持领先，有机旱作、测土配方施肥、节水灌溉、生态沼气、无公害蔬菜生产技术推广已取得明显成效。充分利用这次耕地地力调查与质量评价，主抓以下几方面技术培训：①宣传加强农业结构调整与耕地资源有效利用的目的及意义；②全县中低产田改造和土壤改良相关技术推广；③耕地地力环境质量建设与配套技术推广；④绿色无公害农产品生产技术操作规程；⑤农药、化肥安全施用技术培训；⑥农业法律、法规、环境保护相关法律的宣传培训。

通过技术培训，使灵丘县农民掌握必要的知识与生产实用技术，推动耕地地力建设，提高农业生态环境、耕地质量环境的保护意识，发挥主观能动性，不断提高全县耕地地力水平，以满足日益增长的人口和物质生活需求，为全面建设小康社会打好农业发展基础平台。

第六节　耕地资源管理信息系统的应用

耕地资源信息系统以一个县行政区域内耕地资源为管理对象，应用GIS技术，对辖区内的地形、地貌、土壤、土地利用、农田水利、土壤污染、农业生产基本情况、基本农田保护区等资料进行统一管理，构建耕地资源基础信息系统，并将其数据平台与各类管理模型结合，对辖区内的耕地资源进行系统的动态管理，为农业决策、农民和农业技术人员提供耕地质量动态变化规律、土壤适宜性、施肥咨询、作物营养诊断等多方位的信息服务。

本系统行政单元为村，农业单元为基本农田保护块，土壤单元为土种，系统基本管理单元为土壤、基本农田保护块、土地利用现状叠加所形成的评价单元。

一、领导决策依据

这次耕地地力调查与质量评价直接涉及耕地自然要素、环境要素、社会要素及经济要素四个方面，为耕地资源信息系统的建立与应用提供了依据。通过全县生产潜力评价、适宜性评价、土壤养分评价、科学施肥、经济性评价、地力评价及产量预测，及时指导农业生产的发展，为农业技术推广应用作好信息发布，为用户需求分析及信息反馈打好基础。主要依据：一是全县耕地地力水平和生产潜力评估为农业远期规划和全面建设小康社会提供了保障；二是耕地质量综合评价，为领导提供了耕地保护和污染修复的基本思路，为建立和完善耕地质量检测网络提供了方向；三是耕地土壤适宜性及主要限制因素分析为全县农业调整提供了依据。

二、动态资料更新

这次灵丘县耕地地力调查与质量评价中，耕地土壤生产性能主要包括地形部位、土体构型等较稳定的物理性状、易变化的化学性状、农田基础建设5个方面。耕地地力评价标准体系与1983年土壤普查技术标准出现部分变化，耕地要素中基础数据有大量变化，为动态资料更新提供了新要求。

（一）耕地地力动态资源内容更新

1. 评价技术体系有较大变化 这次调查与评价主要运用了“3S”评价技术。在技术方法上，采用文字评述法、专家经验法、模糊综合评价法、层次分析法、指数和法；在技术流程上，应用了叠置法确定评价单元，空间数据与属性数据相连接，采用德尔菲法和模糊综合评价法，确定评价指标，应用层次分析法确定各评价因子的组合权重，用数据标准化计算各评价因子的隶属函数并将数值进行标准化，应用了累加法计算每个评价单元的耕地力综合评价指数，分析综合地力指数，分布划分地力等级，将评价的地方等级归入农业部地力等级体系，采取GIS、GPS系统编绘各种养分图和地力等级图等图件。

2. 评价内容有较大变化 除原有地形部位、土体构型等基础耕地地力要素相对稳定以外，土壤物理性状、易变化的化学性状、农田基础建设等要素变化较大，尤其是有机质、pH、有效磷、速效钾指数变化明显。

3. 增加了耕地质量综合评价体系 土样、水样化验检测结果为全县绿色、无公害农产品基地建立和发展提供了理论依据。图件资料的更新变化，为今后全县农业宏观调控提供了技术准备，空间数据库的建立为全县农业综合发展提供了数据支持，加速了全县农业信息化快速发展。

（二）动态资料更新措施

结合这次耕地地力调查与质量评价，全县及时成立技术指导组，确定专门技术人员，从土样采集、化验分析、数据资料整理编辑，电脑网络连接畅通，保证了动态资料更新及时、准确，提高了工作效率和质量。

三、耕地资源合理配置

（一）目的意义

多年来，灵丘县耕地资源盲目利用，低效开发，重复建设情况十分严重，随着农业经济发展方向的不断延伸，农业结构调整缺乏借鉴技术和理论依据。这次耕地地力调查与质量评价成果对指导全县耕地资源合理配置，逐步优化耕地利用质量水平，对提高土地生产性能和产量水平具有现实意义。

灵丘县耕地资源合理配置思路是：以确保粮食安全为前提，以耕地地力质量评价成果为依据，以统筹协调发展为目标，用养结合，因地制宜，内部挖潜，发挥耕地最大生产效益。

（二）主要措施

1. 加强组织管理，建立健全工作机制　县上要组建耕地资源合理配置协调管理工作体系，由农业、土地、环保、水利、林业等职能部门分工负责，密切配合，协同作战。技术部门要抓好技术方案制定和技术宣传培训工作。

2. 加强农田环境质量检测，抓好布局规划　将企业列入耕地质量检测范围。企业要加大资金投入和技术改造，降低“三废”对周围耕地污染，因地制宜大力发展绿色无公害农产品优势生产基地。

3. 加强耕地保养利用，提高耕地地力　依照耕地地力等级划分标准，划定全县耕地地力分布界限，推广平衡施肥技术，加强农田水利基础设施建设，平田整地，淤地打坝，中低产田改良，植树造林，扩大植被覆盖面，防止水土流失，提高梯（园）田化水平。采用机械耕作，加深耕层，熟化土壤，改善土壤理化性状，提高土壤保水保肥能力。划区制定技术改良方案，将全县耕地地力水平分级划分到村、到户，建立耕地改良档案，定期定人检查验收。

4. 重视粮食生产安全，加强耕地利用和保护管理　根据灵丘县农业发展远景规划目标，要十分重视耕地利用保护与粮食生产之间的关系。人口不断增长，耕地逐年减少，要解决好建设与吃饭的关系，合理利用耕地资源，实现耕地总面积动态平衡，解决人口增长与耕地矛盾，实现农业经济和社会可持续发展。

总之，耕地资源配置，主要是各土地利用类型在空间上的整体布局；另一层含义是指同一土地利用类型在某一地域中是分散配置还是集中配置。耕地资源空间分布结构折射出其地域特征，而合理的空间分布结构可在一定程度上反映自然生态和社会经济系统间的协调程度。耕地的配置方式，对耕地产出效益的影响截然不同，经过合理配置，农村耕地相对规模集中，既利于农业管理，又利于减少投工投资，耕地的利用率将有较大提高。

一是严格执行《基本农田保护条例》，增加土地投入，大力改造中低产田，使农田数量与质量稳步提高；二是园地面积要适当调整，淘汰劣质果园或高接换头，发展优质果品生产基地；三是林草地面积适量增长，加大四荒拍卖开发力度，种草植树，力争森林覆盖率达到30%，牧草面积占到耕地面积的2%以上。搞好河道、滩涂地有效开发，增加可利用耕地面积。加大小流域综合治理，在搞好耕地整治规划的同时，治山治坡、改土造田、基本农田建设与农业综合开发结合进行；要采取措施，严控企业占地，严控农村宅基地占用一级、二级耕田，加大农村废弃宅基地的返田改造，盘活耕地存量调整，“开源”与“节流”并举，加快耕地使用制度改革。实行耕地使用证发放制度，促进耕地资源的有效利用。

四、土、肥、水、热资源管理

（一）基本状况

灵丘县耕地自然资源包括土、肥、水、热资源。它是在一定的自然和农业经济条件下逐渐形成的，其利用及变化均受到自然、社会、经济、技术条件的影响和制约。自然条件是耕地利用的基本要素。热量与降水是气候条件最活跃的因素，对耕地资源影响较为深刻，不仅影响耕地资源类型形成，更重要的是直接影响耕地的开发程度、利用方式、作物种植、耕作制度等方面。土壤肥力则是耕地地力与质量水平基础的反映。

1. 光热资源 灵丘县属温带大陆性季风气候，四季分明，冬季寒冷干燥，夏季炎热多雨。全年平均气温 7℃。夏季凉爽，最热的 7 月平均气温为 21.8℃，适宜作物生长发育，高温危害少。冬季寒冷，最冷的 1 月平均气温－10.1℃，不利越冬作物过冬。昼夜温差大，适宜作物养分的积累。全县无霜期累计平均为 145 天左右，平川区无霜期为 140 天，北山区无霜期为 110～120 天，南山区无霜期为 160 天。稳定通过 10℃的积温为 2 887.3℃。作物生长活跃期一般始于 4 月底，终于 10 月初。

2. 降水与水文资源 中部平川区年平均降水量为 460 毫米，北山区 410 毫米，南山区 580 毫米。年度间全县降水量差异较大，降水量季节性分布明显，主要集中在 7、8、9 这 3 个月。年降水量变差大。有记载的灵丘最多降水量是 1956 年的 658 毫米，最少降水量是 1984 年的 228 毫米，最多年与最少年相差 430 毫米，相当于年平均降水量。

3. 土壤肥力水平 灵丘县耕地土壤类型为潮土、粗骨土、褐土山地草甸土等，各土类及情况见表 7－4。土属有：潮土、盐化潮土、湿潮土、中性粗骨土、褐土性土、淋溶褐土、石灰性褐土、潮褐土。全县土壤质地较好，主要分为壤土、沙壤土、壤质土、黏质土等类型。

表 7－4 灵丘县各土类分布

土类	面积（亩）	占耕地比例%
湿潮土	21 057.27	4.11
粗骨土	468.01	0.09
山地草甸土	412.63	0.08
褐土	489 272.37	95.56
其他	808.71	0.16
合计	512 018.99	100.00

（二）管理措施

在灵丘县建立土壤、肥力、水热资源数据库，依照不同区域土、肥、水热状况，分类分区划定区域，设立监控点位，定人、定期填写检测结果，编制档案资料，形成有连续性的综合数据资料，有利于指导全县耕地地力恢复性建设。

五、科学施肥体系与灌溉制度的建立

（一）科学施肥体系建立

灵丘县平衡施肥工作起步较早，最早始于20世纪70年代末定性的氮磷配合施肥，20世纪80年代初为半定量的初级配方施肥。90年代以来，有步骤定期开展土壤肥力测定，逐步建立了适合全县不同作物、不同土壤类型的施肥模式。在施肥技术上，提倡“增施有机肥，稳施氮肥，增施磷，补施钾肥，配施微肥和生物菌肥”。

根据灵丘县耕地地力调查结果看，土壤有机质及大量元素发生了较大变化。与1979年全国第一次土壤普查时的耕层养分测定结果相比，30年间，土壤有机质增加了4.58克/千克，全氮增加了0.13克/千克，有效磷增加了7.62毫克/千克，速效钾增加了38.48毫克/千克。

1. 调整施肥思路　以节本增效为目标，立足抗旱栽培，着力提高肥料利用率，采取“增氮、稳磷、补钾、配微”原则，坚持有机肥与无机肥相结合，合理调整养分比例，按耕地地力与作物类型分期供肥，科学施用。

2. 施肥方法

（1）因土施肥：不同土壤类型保肥、供肥性能不同。对全县丘陵区旱地，土壤的土体构型为通体壤，一般将肥料作基肥一次施用效果最好；对唐河两岸的壤土、黏壤土等构型土壤，肥料特别是钾肥应少量多次施用。

（2）因品种施肥：肥料品种不同，施肥方法也不同。对碳酸氢铵等易挥发性化肥，必须集中深施覆盖土，一般为10～20厘米，硝态氮肥易流失，宜作追肥，不宜大水漫灌；尿素为高浓度中性肥料，作底肥和叶面喷肥效果最好，在旱地做基肥集中条施。磷肥易被土壤固定，常作基肥和种肥，要集中沟施，切忌撒施土壤表面。

（3）因苗施肥：对基肥充足，生长旺盛的田块，要少量控制氮肥，少追或推迟追肥时期；对基肥不足，生长缓慢田块，要施足基肥，多追或早追氮肥；对后期生长旺盛的田块，要控氮补磷施钾。

3. 选定施用时期　因作物选定施肥时期。玉米追肥宜选在拔节期和大喇叭口期施肥，同时可采用叶面喷施锌肥。

在作物喷肥时间上，要看天气施用，要选无风、晴朗天气，早上8～9点以前或下午4点以后喷施。

4. 选择适宜的肥料品种和合理的施用量施肥　在品种选择上，增施有机肥、高温堆沤积肥、生物菌肥；严格控制硝态氮肥施用，忌在忌氯作物上施用氯化钾，提倡施用硫酸钾肥，补施铁肥、锌肥、硼肥等微量元素化肥。在化肥用量上，要坚持无害化施用原则，一般菜田，亩施腐熟农家肥3 000～5 000千克、尿素25～30千克、磷肥40千克、钾肥10～15千克。日光温室以黄瓜为例，一般亩产7 000千克，有机肥10 000千克，二铵70千克，硫酸钾40千克，尿素20千克，配施适量硼、锌等微量元素。

（二）灌溉制度的建立

灵丘县为贫水区之一，主要采取抗旱节水灌溉为主。

1. 旱地区集雨灌溉模式 主要采用有机旱作技术模式，深翻耕作，加深耕层，平田整地，提高园（梯）田化水平，地膜覆盖，垄际集雨纳墒，秸秆覆盖蓄水保墒，高灌引水，节水管灌等配套技术措施，提高旱地农田水分利用率。

2. 扩大井水灌溉面积 水源条件较好的旱地，打井造渠，利用分畦浇灌或管道渗灌、喷灌，节约用水，保障作物生育期一次透水。平川井灌区要修整管道、防渗渠，按作物需水高峰期浇灌，全生育期保证浇水2～3次，满足作物生长需求。切忌大水漫灌。

3. 日光温室全部采用滴灌模式 高效节水、省工省力，棚内湿度降低，减少病害。

（三）体制建设

在灵丘县建立科学施肥与灌溉制度，农业、技术部门要严格细化相关施肥技术方案，积极宣传和指导；水利部门要抓好淤地打坝、井灌配套等基本农田水利设施建设，提高灌溉能力；林业部门要加大荒坡、荒山植树造林、绿化环境，改善气候条件，提高年际降水量；农业环保部门要加强基本农田及水污染的综合治理，改善耕地环境质量和灌溉水质量。

六、信息发布与咨询

耕地地力与质量信息发布与咨询，直接关系到耕地地力水平的提高，关系到农业结构调整与农民增收目标的实现。

（一）体系建立

以灵丘县农业技术部门为依托，在省、市农业技术部门的支持下，建立耕地地力与质量信息发布咨询服务体系，建立相关数据资料展览室，将全县土壤、土地利用、农田水利、土壤污染、基本农田保护区等相关信息融入电脑网络之中，充分利用县、乡两级农业信息服务网络，对辖区内的耕地资源进行系统的动态管理，为农业生产和结构调整做好耕地质量动态变化、土壤适宜性、施肥咨询、作物营养诊断等多方位的信息服务。在乡村建立专门试验示范生产区，专业技术人员要做好协助指导管理，为农户提供技术、市场、物资供求信息，定期记录监测数据，实现规范化管理。

（二）信息发布与咨询服务

1. 农业信息发布与咨询 重点抓好玉米、马铃薯、蔬菜、水果、小杂粮等适栽品种供求动态、适栽管理技术、无公害农产品化肥和农药科学施用技术、农田环境质量技术标准的入户宣传、编制通俗易懂的文字、图片发放到每家每户。

2. 开辟空中课堂抓宣传 充分利用覆盖全县的电视传媒信号，定期做好专题资料宣传，并设立信息咨询服务电话热线，及时解答和解决农民提出的各种疑难问题。

3. 组建农业耕地环境质量服务组织 在灵丘县乡村选拔科技骨干及科技副村长，统一组织耕地地力与质量建设技术培训，组成农业耕地地力与质量管理服务队，建立奖罚机制，鼓励他们谏言献策，提供耕地地力与质量方面信息和技术思路，服务于全县农业发展。

4. 建立完善执法管理机构 成立由县土地、环保、农业等行政部门组成的综合行政执法决策机构，加强对全县农业环境的执法保护。开展农资市场打假，依法保护基本农田，监控企业污染，净化农业发展环境。同时配合宣传相关法律、法规，让群众家喻户晓，自觉接受社会监督。

第七节　耕地地力评价与玉米测土配方施肥技术

为了充分发挥测土配方施肥的增产效果，带动辐射周边地区测土配方施肥技术的推广，同时检验测土配方施肥配方的效果，在落水河乡落水河村、西庄村、新庄村、固城村、上堡村、北水芦村设置了万亩玉米示范区，示范区面积 10 500 亩。项目区根据地块的自然分布分为 10 个自然片，其中新庄村 3 600 亩，分为 4 个自然片，第一个自然片 1 000亩，第二个自然片 850 亩，第三个自然片 950 亩，第四个自然片 800 亩；西庄村 2 200亩，分为 2 个自然片，第一个自然片 1 200 亩，第二个自然片 1 000 亩；落水河村 1 200亩，分为 1 个自然片；固城村 1 300 亩，分为 1 个自然片；上堡村1 000亩，分为 1 个自然片；北水芦村 1 200 亩，分为一个自然片。

一、测土配方施肥万亩示范方的实施过程

1. 广泛调查，发现问题　针对当前生产中存在的问题，通过野外调查、土样采集、农户施肥情况调查和分析整理等工作，总结出农业施肥中存在的主要问题：一是施肥比例上不太合理，农民虽然氮磷肥均使用，但是，没有明确的氮磷比例，氮肥用量偏多，钾肥、微肥基本没有，施肥比较盲目，造成一定的浪费和环境污染；二是施肥方法上基肥一次施入，生育后期有脱肥现象，尤其质地较轻、土层较薄的耕地脱肥严重，另外，部分农民基肥散施于地表，不能马上耕翻，养分损失严重。

2. 分类采样，认真化验　科学配方是测土配方施肥的基础，根据灵丘县测土配方施肥领导组和技术指导组的统一部署，结合项目区的地形地貌、种植作物、土壤类型、耕作施肥区划等，对项目区进行土壤采集测试工作，共采集土样 205 个，每 50～80 亩采土样 1 个。由市土肥站分析化验，分析测试 2 132 项次，其中大量元素 1 640 项次，中微量元素 492 项次，基本上掌握了项目区土壤肥力的变化情况，针对地力状况，设计施肥大配方，用以指导一般农户进行施肥。另外，根据测土配方技术的大配方小调整的原则，将项目区耕地按村划分为六大片，然后分片提供的配方，分类指导农民施肥。见表 7 - 5

3. 配方及配方肥的使用　2010 年春季，组织有关专家，汇总分析土壤测试和田间试验数据结果，根据气候条件、土壤类型、作物品种、产量水平、耕作制度等差异，合理划分施肥类型区，制定区域配方和施肥指导意见，并对农民进行配肥培训，使 10 500 亩玉米实现了配方施肥。首先制作了测土配方施肥卡片向项目区农民发放，共发放施肥卡片 2 550 张，做到每户农民至少有一张施肥卡片在手，指导农民对照自己的地块实施测土配方施肥。见表 7 - 6。

通过肥料经销商联系肥料生产厂家，依据配方，以单质、复混肥料为原料，生产了玉米专用配方肥。农民按照施肥建议卡所需肥料品种，选用肥料，科学施用。

4. 改变施肥结构，减少肥料浪费　针对当地农民不合理的施肥结构和方法，从调整肥

表 7-5　落水河乡测土配方施肥化验分析结果

村庄名称	全氮（克/千克）	有机质（克/千克）	缓效钾（毫克/千克）	速效钾（毫克/千克）	碱解氮（毫克/千克）	有效磷（毫克/千克）	pH	全盐（克/千克）	全磷（克/千克）
北水芦村	0.72	11.33	740.38	87.48	79.08	8.71	8.01	0.63	
固城村	0.71	12.30	723.13	84.17	38.79	7.03	8.19	0.28	0.60
新庄村	0.68	8.89	647.29	82.80	47.94	5.88	8.19	0.31	
西庄村	0.76	12.63	647.21	121.24	86.31	9.28	8.02	0.63	0.60
上堡村	0.61	8.91	631.75	87.21	37.60	6.55	8.22	0.27	0.58
落水河村	0.63	8.06	642.98	83.54	49.65	5.10	8.16	0.28	0.64
平　均	0.67	9.85	665.90	88.20	52.56	6.50	8.15	0.35	0.62

村庄名称	全钾（克/千克）	交换量（厘摩尔/千克）	有效硫（毫克/千克）	有效铜（毫克/千克）	有效锌（毫克/千克）	有效铁（毫克/千克）	有效锰（毫克/千克）	有效硼（毫克/千克）
北水芦村			60.67	1.01	1.99	3.19	7.06	0.06
固城村	20.15	7.70	20.42	1.16	2.69	6.24	9.52	0.06
新庄村			20.13	0.72	1.29	5.49	9.80	0.06
西庄村	18.38	8.13	54.06	0.85	1.30	4.45	6.61	0.06
上堡村	20.29	8.33	8.46	0.66	1.32	5.59	8.64	0.06
落水河村	18.97	9.12	23.19	1.76	1.37	5.08	7.20	0.06
平　均	19.31	8.76	28.45	1.28	1.76	5.14	8.01	0.06

表 7-6　项目区玉米配方施肥

单位：千克

作物	生产条件及种类	基肥				追肥	有机肥
		碳铵	磷肥	钾肥	锌肥	尿素	
玉米	高水肥地（亩产 500～650 千克）	70～75	52～58	12～15	2.0	12～14	2 000
	中水肥地（亩产 300～500 千克）	65～70	44～47	8～10	1.5	11～14	1 500
	旱地（亩产 150～300 千克）	55～65	30～35	6～8	1.0	9～10	1 200

注：1. 磷肥以四级过磷酸钙计算。
2. 钾肥含量按市场含氧化钾 35%计算。

料品种比例入手，降低氮肥数量，合理增加磷、钾用量，减少肥料施用过程中的损失，提高肥料的利用率两方面入手。

在施肥方法上重点做了如下工作：一是减少氮肥使用时的裸露时间，特别是春季基施碳铵时，随施肥随耕翻，减少了碳铵挥发；二是磷肥集中使用，基肥集中在种植带或垄内使用，并用10～20千克/亩磷肥作种肥；三是追施氮肥，提倡40%～50%的氮肥用做追肥；四是增施磷肥，提高了作物的抗逆性，增加了产量，也提高了农产品品质。

5. 万亩示范区示范点的设置　为了检验测土配方施肥的实际效果，也为了让农民亲身体验这种效果，共设置测土配方施肥示范点8个。玉米各生育期进行观察记载，秋季进行实际测产，作为玉米万亩示范区的产量标志。

二、测土配方示范效果

1. 经济效益　秋后测产结果表明，项目区玉米虽然经历了严重的干旱，但由于测土配方施肥工作落实到位，增强了农作物抗性，使2010年玉米获得了好收成，不仅没有减产，而且玉米长势良好，增产效果依然显著。测土配方施肥田的长势明显好于农民习惯施肥，表现出苗全苗壮、抗逆性强、提早抽雄2～3天，植株高度增加2～3厘米，根系发达，萎蔫时间短，抗旱能力强，充分显示了测土配方施肥技术的优越性。

根据8个示范点产量分析，测土配方施肥示范区平均粮食单产为558.55千克，对照亩产482.14千克，亩均增产76.41千克，按现行价格1.8元/千克计算，亩增收137.54元。肥料平均投入每亩99.53元，农民习惯施肥投入每亩75.5元，亩均增加肥料投资24.03元。亩均纯增收113.51元。10 500亩项目田共计增产80.23万千克，增加纯收入119.19万元，增产增收效益十分明显。

落水河村村民种植3亩玉米地，1亩按照原来的习惯，亩施有机肥2 000千克、碳铵50千克、尿素10千克，化肥成本51.5元/亩，亩产玉米589.2千克；2亩按照测土配方施肥卡施用有机肥2 000千克、尿素40千克、磷肥55千克，其中有机肥2 000千克、尿素20千克、磷肥55千克作基肥，尿素20千克作追肥，化肥成本105元，亩产玉米679.4千克，亩增产90.2千克，增产率15.31%，亩增收162.36元，减去增加的化肥成本53.5元，亩增纯收入108.86元。

西庄村村民种植4亩玉米地，2.5亩按照测土配方施肥卡施用有机肥2 500千克、尿素50千克、磷肥40千克，其中有机肥2 500千克、尿素30千克、磷肥40千克作基肥，尿素20千克作追肥，化肥成本114元，亩产玉米585.9千克。1.5亩按照原来的习惯，亩施有机肥1 500、碳铵100、磷肥40，化肥成本91元/亩，亩产玉米500.5千克。测土配方田较习惯施肥田亩增产85.4千克，增产率17.06%，亩增收153.72元，节约化肥成本23元，亩节本增效176.72元。见表7-7。

表7-7　测土配方施肥示范点产投分析情况表

单位：亩、千克/亩、元

村名	农户	处理	面积	施　肥	化肥成本	玉米产量	亩节本	比习惯施肥增产	增产率(%)	亩纯增收
落水河村	1	测土配方	2	有机肥2 000、尿素40、磷肥55	105	679.4	−53.5	90.2	15.31	108.86
		习惯施肥	1	有机肥2 000、碳铵50、尿素10	51.5	589.2				

（续）

村名	农户	处理	面积	施　肥	化肥成本	玉米产量	亩节本	比习惯施肥增产	增产率（%）	亩纯增收
落水河村	2	测土配方	3	有机肥 2 500、尿素 40 、磷肥 50	102	495.6	−14.5	92.9	23.07	152.72
		习惯施肥	2	有机肥 2 500、碳铵 50、尿素 30	87.5	402.7				
	3	测土配方	1.5	有机肥 2 000、尿素 35 、磷肥 45	64.8	431.5	−13.3	38.2	9.71	55.46
		习惯施肥	1.0	有机肥 2 000、碳铵 50、尿素 10	51.5	393.3				
西庄	4	测土配方	1.5	有机肥 2　000、尿素 40、磷肥 55	85	839.8	−15.5	86.6	11.5	140.38
		习惯施肥	1.5	有机肥 2 000、碳铵 50、尿素 20	69.5	753.2				
	5	测土配方	2.50	有机肥 2 500、尿素 50、磷肥 40	114	585.9	23	85.4	17.06	176.72
		习惯施肥	1.5	有机肥 1 500、碳铵 100、磷肥 40	91	500.5				
北水芦	6	测土配方	3.5	有机肥 2 000、尿素 40、磷肥 55	105	425.9	9	30.9	7.82	64.62
		习惯施肥	1.5	有机肥 2500、尿素 50、磷肥 40	114	395.0				
	7	测土配方	3	有机肥 2 000、尿素 35、磷肥 54	95.4	483.2	−25.9	85.9	21.6	128.72
		习惯施肥	1	有机肥 2 000、碳铵 50、尿素 20	69.5	397.3				
上堡	8	测土配方	3.0	有机肥 2 500、玉米专用配方肥 50	125	527.1	−55.5	101.2	23.76	126.66
		习惯施肥	1.0	有机肥 1 500、碳铵 50、尿素 20	69.5	425.9				
平均		测土配方			99.53	558.55	−24.03	76.41	15.85	113.51
		习惯施肥			75.5	482.14				

尿素：1 800 元/吨；过磷酸钙：600 元/吨；碳铵 670 元/吨；玉米价格 1.8 元/千克。

2. 生态、社会效益　通过项目的实施，提高了耕地资源和化肥资源的利用效率，优化了施肥结构，节约化肥投入，提高化肥资源利用率，降低化肥投入，减轻农田生态环境污染压力，同时改善、提高农产品品质，确保农产品质量安全，以提高人民生活水平。

同时，改变了农民不合理的施肥习惯，促进农民增产增收，保护农民种粮的积极性，提高广大农民的科技素质和测土配方施肥的意识。通过项目实施，在示范区内营造测土配方施肥的良好氛围，节约化肥投入，减少农田环境污染。初步建立了“测、配、产、供、施”一条龙技术服务体系，促进了测土配方施肥技术的普及。

通过项目实施，在全县范围内树立了测土配方施肥的典范，为全县大规模推广应用测土配方施肥技术做出了示范带头作用，必将加快农业科技成果的转化，促进农村经济的快速发展。

三、主要做法

1. 加强领导，做好组织保障 灵丘县委、县政府对测土配方施肥工作高度重视，县领导多次批示，指出测土配方施肥是农技推广的重要内容，是提高农业综合生产能力的一项重要措施。为切实抓好这项工作，县政府成立了测土配方施肥工作领导小组，成立了以县委常委、常务副县长索根生为组长，农业委员会主任李栋琦为副组长的灵丘县项目领导组，领导组主要负责项目的领导、决策、组织、协调及物质、资金、项目等的配套和支持，加强内部工作协调，形成合力，负责整个项目的方案制定、组织实施和监督检查。同时，成立了技术指导组，分片包干，开展技术指导和培训，负责技术指导、培训和咨询等工作。

落水河乡也成立了相应的领导组与技术组，具体负责项目的实施。做到了技术干部、行政干部分工明确，采取行政干部包面积落实、宣传发动、工作协调，技术干部包技术培训、技术指导、技术咨询。

2. 制订方案，抓好责任落实 根据上级部门对测土配方施肥工作的要求，县农委下发了《测土配方施肥实施方案》，明确了各乡（镇）的目标任务和责任期限，真正做到了工作有计划、人人有任务、事事有着落。

3. 探索机制，加强制度建设 为探索建立此项工作的长效机制，把测土配方施肥工作不断引向深入。全县集中力量，整合资源，形成政府支持，农委主导，农业推广中心与农民广泛联系的多方参与机制，在面上强化指导，在点上抓好落实，使灵丘县在开展测土配方施肥工作中，找出了一种适合本地推广的模式，为实现农民增收，农业增效做好制度保障。

3. 积极开展技术培训 为了确保示范区项目成功实施，针对项目村施肥中存在的问题，4 月下旬，我们聘请了高级农业专家对技术员及乡（镇）技术员进行了集中培训。通过培训提高了技术人员对新形势、新技术的认识，重点培训了玉米配方施肥技术，内容包括测土配方施肥的原理、方法，测土配方施肥增产的原因，常用肥料的作用、使用方法、注意事项，测土配方施肥卡片解释等，尤其详细讲解了氮磷比例的计算方法、氮肥深施的道理和追肥的作用等。同时，在田间地头、大街小巷、戏台下面等各种场合，进行宣传，大大增强了广大农民对测土配方施肥工作的认识，提高了他们的科学施肥知识，为项目成功实施奠定了基础。

四、存在的主要问题及建议

农民科技文化素质较低，思想观念陈旧。如今，仍有相当一部分农民，文化水平很低，接受新技术、新事物能力差，广种薄收，盲目经营的生产方式还不同程度地存在。

对此，我们在实际工作中，应根据农作物生长期出现的不同情况及农户生产中存在的实际问题，加大培训力度，采取集中授课和田间地头培训相结合，解决农民生产中遇到的难题。同时，技术员不断深入到农户，并和农户保持经常联系，及时发现问题、解决问题。

第八节　耕地地力评价与坡耕地治理对策研究

灵丘县地处晋北高原东北部的太行山、五台山与恒山余脉的交界处，国土总面积2 732平方千米，耕地总面积51.2万亩。粮食作物播种面积42万亩，玉米播种面积最大为20万亩，历年粮食总产量7.2万吨。耕地多为低山丘陵坡地和沟坝地，且十年九旱，严重制约了农业生产的发展。省政府关于实施2 000万亩耕地综合生产能力建设工程的意见是支农惠农政策的集中体现，是从根本上提高耕地综合生产能力建设，为玉米丰产增粮计划的顺利实施奠定了坚实的地力基础。灵丘县围绕农业和农村经济发展规划，于2008年对灵丘县坡地综合治理玉米丰产方建设项目进行立项，并于2009年4月正式实施。通过项目的实施，大大提高了项目区农业综合生产能力，为确保粮食安全奠定坚实基础，提高资源利用率，促进农业节本增效，加快新技术研发和实用技术的示范、推广，促进农业结构调整和农业可持续发展。

项目区位于灵丘县城西北的赵北乡，为土石山区，平均海拔为1 250米，地形起伏较大，高低不平，土壤侵蚀十分严重。项目区年平均气温6.1℃，无霜期110～135天，≥10℃的有效积温2 700～2 800℃。春秋季节风大沙多，素有“十年九旱”和“十年十春旱”之称，粮食产量受自然降雨的影响低而不稳。项目区土壤类型为褐土性土，土壤母质主要是黄土，黄土状母质。质地疏松，固结能力差，水土流失十分严重，是典型的“三跑田”。项目区涉及赵北、黄石驼、鹿沟3个行政村，距县城25千米左右。三村农户993户，人口3 430人，农业劳动力1 235人，总土地面积47 700亩，总耕地11 050亩，人均耕地面积3.2亩，种植作物有玉米、谷黍、马铃薯、油料、豆类、瓜类等，玉米占到粮食作物播种面积的90%以上。2007年粮食总产135.5万千克，平均亩产122.6千克，人均占有粮食395千克。三村经济总收入1 119.17万元，其中：农业总收入337万元，劳务收入110万元，其他收入672.17万元，农民人均纯收入2013元。现农业机械拥有量50台套，农机总动力99.225千瓦，亩均89.67瓦，低于灵丘县平均水平。通过坡耕地综合治理项目的实施，推广了增施农家肥、配方施肥、深松耕加厚耕作层、增施土壤改良剂、抗旱保水剂等中低产田改造技术，提高了农民的科技素质，促进农民增收节支，保证了耕地综合生产能力的提高。

一、项目区建设地点及内容

项目区建设在位于赵北乡的赵北村、黄石驼村、鹿沟村。项目建设规模10 000亩，其中赵北村7 000亩，黄石驼村2 700亩，鹿沟村300亩。

主要建设内容如下：

1. 工程措施

（1）整修地埂360 000米：整修土埂360 000米，并在360 000米整修过的土埂上种植生物埂，实施面积6 000亩；

土埂截面：截面为梯形，上宽0.3米，下宽0.4米，高0.5米，其中有0.25米在活土层以下；

在整修过的土埂上种植黄花菜，每米2穴，每穴种植3株。

（2）里切外垫实施面积2 000亩，动土185 000立方米；

里切外垫的原则：一是就地填挖平衡，土方不进不出；二是平整后从外到内要形成1°的坡度。通过平整土地，削高填低，达到满足进行耕作的要求，提高土地利用质量，变“三跑田”为“三保田”，建设稳产高产农田。

（3）建设田间道路3 000米，路宽4米，20厘米厚的砂石路面，路基原土夯实，碾压干容重不低于1.6千克/立方厘米。

（4）田间道路两侧各栽植1排株距为2米的防护林，共栽植新疆杨3 000株。

2. 农艺措施 采取农艺、耕作、化学等综合配套措施，主要通过配套农机具来实现。

（1）少耕穴灌：10 000亩工程田全部实施少耕穴灌农艺措施，配置少耕穴灌覆膜播种机40台，并配置12台牵引机具辅助作业。

（2）加厚耕作层：10 000亩工程田全部实施加厚耕作层作业，配置深耕犁和深松机各11台；

（3）测土配方施肥：10 000亩工程田全部实施测土配方施肥农艺措施，配置化肥深施机20台，采土化验125个。

（4）施用土壤改良剂：对实施过里切外垫工程措施的工程田施用土壤改良剂，以熟化生土，加快土壤熟化进程，2 000亩工程田共需施用$FeSO_4$土壤改良剂80吨。

（5）应用土壤保水剂：10 000亩工程田需应用土壤保水剂10吨，以保证农作物对水分的吸收。

二、项目实施取得的主要成果

通过实施坡耕地综合治理，项目区粮食亩增产50千克，累计增产50万千克，增加收益75万元，提高肥料利用率10％左右，相当于现有基础上节能20％左右，亩均节约化肥项目投资3.2元，共节约投资3.2万元。以上各项总计项目区每年总增收节支78.2万元，项目区农民人均增收节支228元。三村10 000亩坡耕地得到改造，完成了项目规划目标。

（一）工程措施情况

1. 里切外垫 实施面积538.55亩，动土49 815.88立方米。

根据项目实施方案，秋收结束，集中力量，发动群众，大搞平田整地工作。对田面坡度较大，凹凸不平的地块实行了起高垫低，平整田面，使坡度小于5°，达到满足进行耕作的要求，提高土地利用质量，变“三跑田”为“三保田”，建设稳产高产农田。平整田面的地块全部进行机深耕，动用推土机2台，土方工程量达49 815.88立方米。

2. 建设田埂及生物埂 根据项目区实际状况，把坡耕地综合治理与农田建设和生物措施相结合，防止了土壤侵蚀，控制了水土流失。具体实施了修边垒堰，修建田埂和生物埂，面积 1 615.64 亩，总长度 96 938.25 米，田埂上宽 0.4 米，下宽 0.6 米，高 0.5 米，其中有 0.2 米在活土层以下。

田埂上全部种植黄花菜，每米一穴，每穴 3 株，共计 193 876 穴，合计 581 630 株，总投工 1 200 工日。

3. 建设田间道路 808 米，路宽 4 米，20 厘米厚的砂石路面，路基原土夯实，碾压干容重不低于 1.6 千克/立方厘米。动用土方量 8 500 平方米，沙砾石用量 600 立方米，动用大型机械 25 台日。

4. 田间道路两侧建设防护林，共植树 808 株。树高 2.5 米，树身涂白，整齐栽植于田间路的两侧。

（二）农艺措施情况与效益

1. 实施少耕穴灌农艺措施 项目区实施 10 000 亩少耕穴灌农艺措施，在总结传统坐水播种的基础上集少耕免耕、坐水播种、覆盖深水、集中施肥与稀穴密植于一体，实现了保墒、保苗、肥料增效、提高兴热资源等多项效果。据对不同示范观察点调查，赵北村某农户种植的玉米亩产 548 千克，比前 3 年平均亩产 482 千克，每亩增产 66 千克，增产率为 13.7%，亩增收 106 元。

2. 加厚耕作层 项目区实施加厚耕作层 10 000 亩，机耕深度在 30 厘米以上，打破了梨底层，增加了耕层厚度，提高了土壤的纳雨蓄水能力。据对项目区不同示范点的调查，赵北乡养家会村村民种植的玉米亩产 538 千克，比前 3 年平均亩产 471 千克。亩增产 64.1 千克，增产率为 13.6%，亩增收 102 元。

3. 测土配方施肥 项目区实施测土配方施肥 10 000 亩，具体操作规程如下：

（1）采集土壤样品：在作物收获后或施肥前，选择有代表性的农户或地块按 80 亩采 1 个样的密度布点采样。采样深度：0～20 厘米。采样方法："S" 型布点，以 10～20 个点混合后取样 1 千克。10 000 亩工程田共采集土样 125 个。

土样采集由富有农村工作经验、参加过第二次土壤普查的农民技术员承包，在 2009 年春播前实施，共采集土样 125 个。

（2）分析化验：将采集的样品放入样品袋，用铅笔写好标签，及时进行分析化验。分析项目主要是：有机质、全氮、有效磷、速效钾、交换性钙、镁、有效硅、硫、铜、锌、铁、锰、硼、钼等大量元素、中量元素、微量元素分析。

为了做好土样的检测工作，专人负责土样的收集、风干、送样检测工作。委托大同市富民土壤肥料分析中心进行土样的化验，按照测土配方施肥技术规程，分析化验土壤样品 125 个，其中大量元素 125 个，微量元素 55 个，共 1 300 项次。

（3）确定配方：根据土壤供肥情况、作物需肥规律与产量水平、肥料性能，采用养分平衡法，计算不同地块、不同作物、不同产量水平下的氮、磷、钾、微肥用量及其配比。

（4）施肥指导：按照配方肥施要求，确定合理的施肥方式、时期和方法，使用化肥深施机实行化肥深施，给作物以均衡的氮、磷、钾及微量元素养分供应，满足作物生长需要，提高肥料利用率。

据调查，实施测土配方施肥以后，项目区赵北村村民，结合增施有机肥措施，种植的玉米亩产554千克，比对照田平均亩产486千克，亩增产68千克，增产率为14%，亩增收109元。

4. 应用土壤保水剂 项目区实施应用土壤保水剂10 000亩，每亩1千克，共施用10吨。抗旱保水剂含有抑制作物蒸腾的高分子化合物和促进作物生长的各种微量元素和生长刺激素，它具有蓄积土壤水分，改善土壤结构，提高作物抗旱能力，促进作物生长发育，满足作物对多种微量元素供给需求，提高作物抗旱保水能力的功能。为此项目区工程田全部应用抗旱保水剂，以缓解旱情，保证作物对水分的吸收，为作物的正常生长和增产增收创造良好的水分条件。据对观察点的调查，示范田玉米平均亩产523千克，较对照亩增产62千克，亩增收99元，充分体现了抗旱保水剂的效用。

5. 施用土壤改良剂 项目区实施土壤改良剂538.55亩，以熟化生土，加快土壤熟化进程，每亩施用148.55千克，538.55亩工程田共施用$FeSO_4$土壤改良剂80吨，据对项目区示范点的调查，示范户种的植玉米2亩，平均亩产483千克，较对照田平均亩产419千克，亩增产64千克，增产率为15.3%，亩增收102元。

三、加强各项管理，确保项目实施效益

（一）设立领导机构

为了保证项目的顺利开展，首先成立了灵丘县坡耕地综合治理项目领导组，由政府县长任领导组组长，涉项单位领导为成员的领导组，下设办公室，办公室主任和项目法人由农业局局长担任。领导组负责单位项目总体规划，制定有关政策规定，解决项目执行中的重大问题。同时建立了资金管理组和技术指导组，资金管理组负责严格管理资金，保证专款专用。技术指导组负责项目的具体实施，包括技术咨询服务、指导、人员培训等，同时开展技术研究。

领导组下设办公室，地点设在农业局办公室。

（二）培训技术人员

为了确保项目顺利开展，项目实施前我们对乡村干部、有关部门工作人员进行了培训。培训内容包括：项目概况、设计原则和依据、技术措施。为保证工程质量技术指导组人员走进田间地头对广大农民群众进行实地培训，讲解工程措施具体操作方法，以及化肥深施、配方施肥新技术，共培训次数7次，受训人员2 950人。同时在培训过程中，我们编写了配方施肥技术方案，印发卡片2 000多份，亲自送到农民手中。技术组人员轮流进行了蹲点指导，解决实施过程中遇到的困难和问题，保证了试验示范工作的顺利进行。

（三）技术与物资保障

本项目的目标是提高耕地综合生产能力，在实施过程中，紧紧围绕这一目标，严格实施方案内容，强化技术管理，确保技术到位，一是建立地块档案，汇制地块图，参加项目的农户全部进行地块登记，建立地块台账，为以后工作进展打好了基础；二是根据土壤属性和地力水平，在春耕播种前，进行了土样采集，80亩采集土样1个，共采土样125个，

分析 1 300 项次，同时提供合理配方，指导农民化肥深施。

为保障项目的顺利进行，委托山西省农业物资仪器供应站进行项目物资采购，专门负责涉项物资的采购。采购硫酸亚铁 80 吨、抗旱保水剂 10 吨、农机具 97 台套。

（四）项目各项效益分析

经济效益

通过实施坡耕地综合治理项目，可大大提高土壤的蓄水保墒、供水供肥与减灾抗旱的能力，增强了耕地的综合生产能力，促进农业机械作业，减轻农民劳动强度，提高农业生产效率。

因此，尽管 2010 年遭受了干旱和雹灾，但仍获得了较好收成。喷施抗旱保水剂处理效果明显，叶片深绿，玉米下部叶片旱死较迟，显示了抗旱保水剂的作用。

1. 示范区增产情况　设置示范田面积 500 亩，平均亩产 310 千克，对照田亩产 250 千克，示范田比对照田亩增产 60 千克，总增产 3 万千克。

2. 增产效益分析　通过实施坡耕地综合治理，项目区粮食平均亩增产 50 千克，累计增产 50 万千克，增加收益 75 万元；提高肥料利用率 10%左右，相当于现有基础上节肥 20%左右，亩均节约化肥投资 3.2 元，共节约投资 3.2 万元。以上各项总计，项目区每年总增收节支 78.2 万元项目区农民人均增收节支 228 元。

施用抗旱保水剂 10 000 亩，同时实施了少耕穴灌、测土配方施肥、机深耕、抗旱播种等技术，工程田平均亩增产 24 千克，亩增加纯收益 36 元，共增收玉米 24 万千克，共增纯收益 36 万元。

实施里切外垫 538.55 亩，对田面坡度较大，凹凸不平的地块进行了起高垫低、平整田面，使坡度小于 5°。每亩施用 148.55 千克 $FeSO_4$ 土壤改良剂，538.55 亩工程田共施用 80 吨，以熟化生土，加快土壤熟化进程。同时进行机深耕，增施有机肥等。通过以上措施，防止了土壤侵蚀，控制了水土流失，加厚了耕作层，提高了土壤接纳雨水的能力，培肥了地力。平均亩增产 38 千克，亩增加纯收益 57 元，共增收玉米 2.05 万千克，共增纯收益 3.07 万元。增产率 8.44%。

3. 项目预期效益　对田面坡度较大，凹凸不平的地块进行了起高垫低、平整田面，使坡度小于 5°。同时进行机深耕，增施有机肥，施用土壤改良剂，熟化土壤，建设生物埂，田埂上全部栽上黄花菜。通过以上措施，防止了土壤侵蚀，控制了水土流失。加厚耕作层，提高了土壤接纳雨水的能力，培肥了地力，保护了生态环境，使农业生产持续上升。预计来年可增加粮食 10 万千克，增加纯收益 15 万元，项目区人均增收 85 元。

生态效益

坡耕地治理项目的实施，将突出地表现在生态效益上，一是项目区水土流失严重的状况会得到明显改善；二是改善了土壤结构，协调了水、肥、热、气等资源的关系，自然降水及肥料得到充分利用，增强了土壤的蓄水保肥能力，提高了土地的综合生产能力；三是化肥使用更加科学合理，平衡了土壤中的各种营养元素，减少了因盲目使用化肥造成的浪费和环境污染。

项目实施后，可进一步缓解我县农业发展和耕地资源紧张的矛盾，满足区域生态建设的需要。可大大改善土壤结构，协调土壤环境，使土、肥、水、气、热等资源得到了充分利用，提高了水分利用率，节约了水资源，增强了土壤的蓄水保肥能力，确保了耕地质量不断上升，减少了化肥对土壤和地下水的环境污染，保护了农业资源，改善了生态环境，增强了农业生产后劲，真正实现了“藏粮于库”和“藏粮于民”向“藏粮于土”的转变，确保了粮食安全，促进了农业可持续发展。

项目实施后，通过各种培肥改良措施，把项目区建成了高标准农田，这样，不仅能增加有效耕地面积，提高土地的利用率，促进农业机械化进程，而且可以改善农业生产条件和农业生态环境，提高土地的产出率和收益率。并对引进和采用农业新技术、转变传统种植观念，运用现代化管理方式，进行产业化、规模化经营产生积极的影响。

项目建成后每年可向社会提供商品粮300万千克，满足了人民生活需要，为维护安定团结的政治局面奠定了基础，提供了保障，同时也加速了项目区向小康水平迈进的步伐，为进一步推进社会主义新农村建设奠定了坚实的基础。同时，项目建成后，将对周边乡村乃至全县近28万亩耕地的治理，起到典型示范和辐射推动作用；现代农业技术的推广，将使项目区广大农民的科技素质和科技意识得到进一步提高。

通过项目的实施，使项目区水土流失严重状况得到明显改善，自然降水及肥料得到充分利用，进一步提高了土壤的蓄水保肥能力，加强了耕地的综合生产能力，促进了生态平衡，同时增强了广大农民的科技意识，为发展现代农业提供了可靠保证。

通过示范田的设置，使广大农民群众真正认识到了增施畜禽肥、抗旱保水剂、配方施肥、综合农艺措施的高产潜力，同时也增强了广大农民的科技意识，为发展现代农业提供了可靠保证。

另外，该项目的成功实施为灵丘县中低产田的改造积累了经验、树立了样板，对周边乡村乃至全县28万亩坡耕地的综合治理起到典型示范和辐射推动作用。尤其是在今年以干旱缺雨，周围乡村普遍减产的情况下，项目区因为实施了综合配套农艺措施，减灾抗旱能力大幅度地得到了提高，粮食产量在前几年的基础上稳中有增，更是为全县起到了示范带头作用，必将谱写全县坡耕地综合开发的新篇章。

四、总　　结

（一）存在的问题

1. 农民科技意识淡薄　在农业生产中仍有不少人沿用传统的种植技术，难以接受新的技术，给项目的实施带来一定的困难。所以，今后各级各部门应增加投入，加强宣传、培训工作，提高农民科技素质，为以后项目的实施及农业技术的推广应用打下坚实的基础。

2. 实践证明植物生长调节剂具有增产效果，有时还很明显，但由于使用时的时效性与方法上的繁琐，需要增加投资投劳，与农民其他的经济活动有冲突，所以农民对这一项技术的兴趣不大，积极性不高，严重影响了这一技术的推广应用。所以，需要改进工艺，把这类产品与化肥混合，一起使用，或单独使用，但要求缓慢释放，达到与播种一同完成，使肥效缓慢释放，这样可以减少田间作业次数，一次投入，整个生育期有效，降低成本，增加产出，最大限度地提高经济效益。

（二）发展前景

多种农艺措施的综合配套应用具有极大的增产潜力，是当前农业生产的发展方向，即所谓的："良种与良法配套"技术。在目前育种一时难有重大突破，农业化工使出浑身解数的情况下，要想在耕地锐减形势下保证粮食产量稳中有升，我们只能在现有技术条件下，整合各种技术措施，良种良法配套，使各种技术措施发挥出最大的经济效益。坡耕地综合治理为农业生产打下长足的发展基础，是农业可持续发展的根本保证。在今后的农业生产中，具有广阔的发展前景。

第九节　耕地地力评价与无公害马铃薯生产对策研究

一、灵丘县发展无公害马铃薯生产的现状

1. 全县基本情况　灵丘位于山西省东北部，大同市东南角，地理坐标为北纬39°31′～39°38′，东经113°53′～114°33′。东与河北省涞源县、蔚县接壤，南与河北省阜平县交界，西与本省繁峙县、浑源县毗邻，北与本省广灵县相连。全境南北长84千米，东西宽66千米，总面积2 732平方千米（合4 098 000亩），是大同市第一大县，全省第四大县。

灵丘县是一个山区农业大县，全县总人口24万人，其中农业人口19万人，耕地面积51.2万亩，人均耕地2.1亩。

2. 马铃薯生产现状　2010年全县种植面积40 351.5亩，占播种面积的7.88%。

灵丘县是山西省的马铃薯生产大县，历年种植面积4万亩以上，近年来，平均亩产一般在1 200千克左右，总产量4 800万千克左右。但由于种种原因，全县马铃薯商品率不高，积压严重。为了改善全县马铃薯生产状况，积极应对国内外市场的需求，提高产品的商品率和经济效益，灵丘县于2001年开始，在气候、土壤、环境等条件较为适宜的地带进行无公害马铃薯的生产示范。经过几年的发展，全县无公害马铃薯种植面积已达3万亩以上，年产优质无公害马铃薯4 500万千克，产品远销北京、天津、山东、广东等地，效益良好。

二、灵丘县发展无公害马铃薯的优势条件

马铃薯作为粮菜兼用的健康食品，消费量日趋增加，而且随着人们健康意识的不断加强，食用无公害马铃薯将成为一种时尚，马铃薯产业已经成为一项颇具发展潜力的朝阳产业，无公害马铃薯市场前景将十分广阔。

灵丘县因其独特的气候、土壤及地域优势，形成了发展无公害马铃薯的小气候环境，开发潜力巨大。

1. 气候冷凉，昼夜温差大　灵丘县属于温带大陆性季风气候，年平均气温7℃，夏季凉爽，最热的7月份平均气温为21.8℃，高温危害少。冬季寒冷，最冷的1月平均气温－10.1℃。极端最高气温37.3℃，极端最低气温30.7℃；多年平均日照时数为2 829.4小时，平均年日照率为64.3%。总辐射量为129.15千卡/平方厘米；无霜期累年平均为

150 天左右，平川区无霜期为 140 天，北山区无霜期为 110～120 天，南山区无霜期为 160 天。稳定通过 10℃的积温为 2 887.3℃。作物生长活跃期一般始于 4 月底，终于 10 月初。多年平均日照时数为 2 829.4 小时，平均年日照率为 64.3%。总辐射量为 129.15 千卡/平方厘米，植物生长活跃期的 4—9 月，月平均辐射量为 84.3 千卡/平方厘米，占全年辐射量的 24.47%。中部平川区年平均降水量为 460 毫米，北山区 410 毫米，南山区 580 毫米。

马铃薯突出的特点是生育期短，对风、雹、旱、涝等自然灾害具有较强的抵御能力，特别适宜在冷凉、干燥的气候条件下生长。灵丘县气候冷凉，日照充足，昼夜温差大，通风情况好，主产区空气清新洁净，无污染源，雨养农业，纯天然灌溉，因而所产的薯块品质优，淀粉及维生素含量高，营养丰富。

2. 土壤肥沃，有机肥源足　灵丘县地处由干旱的内蒙古草原向半干旱的森林草原过渡地带，同时又处于黄土高原的边缘向华北平原过渡的地区，因此，形成的土壤多为沙壤土，土层深厚，土质良好，有机质含量平均为 12.01 克/千克，十分有利于马铃薯的生长发育。灵丘县又是传统的畜牧业地区，种草养畜基础较好，而且随着雁门关生态畜牧经济区的建设，畜牧业生产将得到飞速发展，因此，有机肥源充足。

3. 病虫发生轻　因灵丘县气候冷凉，通风良好，降水量少，蒸发量大，空气干燥，年平均相对湿度仅为 59%，因而马铃薯病虫发生甚少，生长期仅局部发生或轻度发生，病虫易于控制，农药污染和残留非常轻。

4. 土地资源丰富　灵丘县耕地面积 51.2 万亩，人均耕地 2.1 亩，而马铃薯主产区的乡村人均耕地至少 4 亩以上，土地资源充足，易于马铃薯与其他作物轮作倒茬。

5. 脱毒种源充足　山西省农业科学院高寒作物研究所目前有完善的脱毒种薯繁育基地，年可为周边县区提供大量的脱毒苗、微型薯、原原种和原种。

6. 群众基础好　灵丘县有多年的马铃薯种植史，在马铃薯高产种植方面积累了丰富经验。在灵丘县赵北乡养家会村，有 1 位有名的马铃薯种植能手，通过多年的提纯复壮选育，选育了不少的高产马铃薯品种，为周围乡村提供了高产种薯。

三、灵丘县发展无公害马铃薯生产的思路

灵丘县发展无公害马铃薯生产的总体思路是：以充分发挥当地自然资源和生态优势为基地，以国内外市场为导向，以提高效益为中心，以科技为动力，以基地建设为突破口，以生产过程中使用生物农药和低残留农药为手段，以创立品牌，拓展市场，提高效益为目的。通过推广脱毒种薯，选用抗病虫新优品种，改良土壤，增施有机肥，综合控制病虫害等一系列新技术措施，力争在 3 年内在我县建成面积 6 万亩的区域化优质无公害马铃薯产业基地，最终达到提高马铃薯生产水平，增加农民收入，实现马铃薯产业可持续发展的目的。

四、灵丘县发展无公害马铃薯生产的对策

无公害马铃薯生产事关保护农业生态环境和人民群众的身体健康，事关农业增效、农

民增收，是一项造福于民的大事，也是一项十分复杂的系统工程，需要各方面的通力协作，更需要各级政府的重视，财政的支持和新技术措施的支撑。

1. 加强领导，搞好协调 各级政府、各有关部门要把发展无公害马铃薯生产作为“三农”工作的一项重点来抓，要纳入全县无公害农产品生产之中，县政府要成立领导组，领导组下设无公害马铃薯生产办公室，具体负责制定规划，组织实施，技术服务，并指导检查和落实工作的进展情况。各有关部门要搞好协调，齐抓共管，共同确保这项工作的顺利实施。

2. 增加投入，全力支持 各级财政部门要加大对马铃薯无公害生产的扶持力度，把它作为农民增收的一项翻身性工程来抓。上级有关部门要在脱毒种薯的生产，新优品种的引进、技术培训、病虫害防治等方面给予扶持。县级有关部门要在信息服务、市场建设和营销队伍的建设等方面大力支持。

3. 搞好培训，提高水平 灵丘县要在马铃薯主产区大力开展技术培训工作，一方面要加强科技人员的培训，提高其理论水平，业务素质和指导工作能力；另一方面，要加大对农户的宣传和培训力度，提高新技术的普及率和科研成果的转化率。在培训过程中，要把传统的种植技术和无公害马铃薯生产技术规程相结合，把新品种的特性、无害化病虫防治和科学施肥等关键性技术送到农民手中。真正探索出一条适合当地自然条件和自然资源的无公害马铃薯生产之路。

4. 推广实用新技术 无公害马铃薯生产的最终目的是要在提高产量的前提下，生产出优质、无公害的马铃薯产品，以确保消费者的健康和增加农民收入。要搞好这项工作，必须大力推广实用新技术，增加科技含量，提高无公害马铃薯生产的整体技术水平。

五、无公害马铃薯生产的关键技术措施

1. 轮作倒茬 马铃薯不宜连作，也不易和茄科作物及薯类作物连作，应实行 3 年以上的轮作。在生产上，一般选用禾谷类、豆类作物作前茬。在菜区选用葱蒜类、胡萝卜、黄瓜和芹菜茬较好。

2. 选用新优品种 要选用外观整齐，均匀一致，产量高，质量优，商品性好的新优品种。适宜灵丘县推广的品种主要有紫花白、东北白、晋薯 7 号、晋薯 6 号等优种。

3. 推广脱毒种薯 要大力推广低代脱毒种薯这一新型的抗病、抗退化增产新措施，灵丘县一级种薯利用率要达到 20%，二级种薯利用率要达到 70%以上，基本实现种薯脱毒化。

4. 合理施肥 增施以农家肥为主的有机肥料，改良土壤，改善土壤耕性，要注意严格禁止使用有害的城市垃圾、医院粪便、污泥和工业垃圾等，对纳入有机肥料的肥源要进行充分的沤制腐熟，使之达到无害化卫生标准之后方能施用。

少施慎施化肥，要尽量控制化肥施用量，必须施用化肥时，可施适量的铵态和酰铵态氮肥，禁用硝态氮肥。必须施用氮素化肥时，化肥必须与有机肥料配合施用，有机氮与无机氮之比为 1∶1 为宜。农家肥一般作基肥施用，化肥可作基肥或追肥施用。

科学使用微生物肥料，对减少硝酸盐的积累，提高产品品质有较明显的效果，可用于拌种，也可作为基肥或追肥使用。

5. 综合防治病虫害

（1）农业措施：选用抗病、抗虫、丰产、优质品种，并做到及时更换品种、深翻晒土，清洁田园，及时摘除处理病株，处理发病中心，合理轮作倒茬、间作套种，减少病源，适时播种，培育壮苗，提高植株抗病能力，加强田间管理，及时中耕除草，以改善田间微生物生态环境和小气候状况，使之不利于病虫草的生长。

（2）物理防治：主要包括利用光、温、气、机械和人工等措施防治病虫草害，如灯光诱杀、草把诱杀、糖醋诱杀、人工捕捉、采摘卵块、机械除草、人工除草等，在种子处理上要尽量利用选种、晒种和药剂浸拌种等。

（3）生物防治：利用捕食性天敌、寄生性天敌防治害虫；利用苏云金杆菌、白僵菌、阿维菌素等原生动物杀虫；利用苦参、烟碱双素碱等植物源农药防治多种害虫。在病害防治方面可以使用井冈霉素、多拉霉素、庆丰霉素、农抗 120、农用链霉素及新植霉素等农用抗生素防治病害。

（4）合理使用化学农药：生产无公害马铃薯并非不使用化学农药，目前，化学农药仍是防治马铃薯病虫害的有效手段，特别是病害大流行，虫害大暴发而其他方法不足以控制时，化学防治更是有效的防治措施。要做到合理安全使用化学农药，必须注意以下几点：一是熟悉病虫害种类、发生、流行规律，了解农药性能和理化性质，做到有的放矢，对症下药；二是严格执行国家有关规定，禁止使用剧毒、高毒和高残留农药，大力推广高效、低毒、低残留农药；三是严禁超剂量、超范围、超次数使用农药；四是严格掌握农药安全间隔期，最后一次施药到产品上市之间的时间必须大于安全间隔期；五是合理地轮换农药。

第十节　耕地地力评价与无公害蔬菜生产对策研究

一、无公害蔬菜的标准

无公害蔬菜是指没有受到有害物质污染的蔬菜，在目前的条件下，只能有相对的标准，不能用绝对的标准来衡量，所以，无公害蔬菜实际上是指商品蔬菜中不含有某些规定不准含有的有毒物质，而对有些不可避免的有害物质则要控制在允许范围之下，保证人们的食用安全。归纳起来，无公害蔬菜除风味、营养含量合理外，必须满足以下条件：

1. 农药残留量不超标　无公害蔬菜不含有禁用的高毒农药，其他农药残留量不超过允许标准。

2. 硝酸盐含量不超标　食用蔬菜中硝酸盐含量不超过标准允许量，一般控制在 432 毫克/千克以下。

3. “三废”等有害物质不超标　无公害蔬菜必须避免环境污染造成的危害，商品菜的“三废”和病原微生物的有害物质含量不超过标准允许量。

二、无公害蔬菜生产技术规程

1. 无公害蔬菜生产规程　采用合理的农业生产技术措施，提高蔬菜的抗逆性，减轻病虫危害，减少农药施用量，是防止蔬菜污染的重要措施。

(1) 因地制宜选用抗病品种和低富集硝酸盐的品种：尤其是对尚无有效防止方法的蔬菜病虫害，必须选用抗病虫品种。

(2) 做好种子处理和苗床消毒工作：对靠种子、土壤传播的病害，要严格进行种子和苗床消毒，减少苗期病害，减少植株的用药量。

(3) 适时播种：蔬菜播期与病虫害发生关系密切，要根据蔬菜的品种特性和当年的气候状况，选择适宜的播种期。

(4) 培育壮苗：采用护根的营养钵、穴盘等方法育苗，及早炼苗，以减轻苗期病害，增强抗病力，适龄壮苗，带土移栽。

(5) 实行轮作：合理安排品种布局，避免同种、同科蔬菜连作，实行水平轮作或其他轮作方式。

(6) 加强田间管理，改进栽培方式：提倡深沟高厢栽培，避免田间积水，利于通风透光，降低植株间湿度，及时清除病、虫、残株，保持田园清洁。

(7) 采用设施栽培的方式：通过大棚覆盖栽培，可以明显地减少降尘和酸性物的沉降，减少棚内土壤中重金属的含量。

2. 无公害蔬菜的病虫防治规程 在农药的施用上必须遵循以下原则：

(1) 首先选择效果好，对人、畜和天敌都无害或毒性极微的生物农药或生化制剂。

(2) 选择杀虫活性很高，对人畜毒性极低的特异性昆虫生长调节剂。

(3) 选择高效低毒、低残留的农药。

(4) 严格控制施药时间，在商品菜采收前严禁施用农药。叶菜收获前 7～12 天，茄果类采收前 2～7 天，瓜类蔬菜采收前 2～3 天，禁用农药。

3. 无公害蔬菜施肥技术规程 无公害蔬菜生产要求商品蔬菜硝酸盐含量不超过标准。目前商品蔬菜硝酸盐含量过高，主要原因是氮肥施用量过高，有机肥施用偏少，磷、钾肥搭配不合理而造成的。因此，必须通过合理的施肥技术使商品蔬菜硝酸盐含量降低到允许的标准之内。

(1) 重视有机肥的施用：土壤中氮的浓度和施用氮肥的类型直接影响作物的抗病性、商品性和硝酸盐的含量。因此，使土壤保持疏松、肥沃，是使作物减少病虫害，获得优质、高产的技术关键。随着菜地长期施用无机肥，致使土壤严重缺乏有机磷、钾，土壤养分失去平衡，土壤中残留大量酸性物质，引起土壤板结酸化，使作物抗逆性下降，病虫害严重，品质变劣，所以，必须重视有机肥的使用。无公害蔬菜允许使用的肥料种类有：

①农家肥料。指含有大量的生物物质、动植物残体、排泄物和生物废物等物质的肥料。主要有堆肥、沤肥、厩肥、沼气肥、绿肥、作物秸秆和饼肥等。

②商品肥料。商品有机肥、腐殖酸类肥、微生物肥料、有机复合肥、无机（矿质）肥和叶面肥。

③无机化肥必须与有机肥配合施用。

④城市垃圾需经无害化处理，质量达国家标准后，才能限量使用。

(2) 科学施用化肥：在无公害蔬菜生产中，除大力提倡增施有机肥外，必须科学施用化肥，根据作物需肥量，实行氮、磷、钾配方施肥。

（3）采用先进的施肥方法：化肥深施，既可减少肥料与空气接触，防止氮素的挥发，又可减少氨离子被氧化成硝酸根离子，降低对蔬菜的污染。根系浅的蔬菜和不易挥发的肥料宜适当浅施；根系深和易挥发的肥料宜适当深施。

（4）掌握适当的施肥时间：在商品菜临采收前，不能施用各种肥料。尤其是直接食用的叶类蔬菜，更要防止化肥和微生物的污染。最后一次追肥必须在收获前 30 天进行。

三、灵丘县日光温室土样化验结果

pH：8.323，阳离子交换量：12.04 厘摩尔/千克，水溶性盐分总量：0.401 克/千克，有机质：15.89 克/千克，全氮：1.17 克/千克，碱解氮：81.459 毫克/千克，全磷：0.68 克/千克，有效磷：5.0629 毫克/千克，全钾：20.144 克/千克，缓效钾：926.15 毫克/千克，速效钾：114.31 毫克/千克，中微量元素：有效铁：9.61 毫克/千克，有效锰：9.09 毫克/千克，有效铜：1.7201 毫克/千克，有效锌：2.001 毫克/千克，水溶态硼：0.589 毫克/千克，有效钼：0.058 毫克/千克，有效硫：77.4 毫克/千克。

图书在版编目（CIP）数据

灵丘县耕地地力评价与利用 / 杨新莲主编．—北京：中国农业出版社，2016.2

ISBN 978-7-109-21310-4

Ⅰ.①灵…　Ⅱ.①杨…　Ⅲ.①耕作土壤－土壤肥力－土壤调查－灵丘县②耕作土壤－土壤评价－灵丘县　Ⅳ.①S159.225.4②S158

中国版本图书馆 CIP 数据核字（2015）第 315275 号

中国农业出版社出版
（北京市朝阳区麦子店街 18 号楼）
（邮政编码 100125）
责任编辑　杨桂华

中国农业出版社印刷厂印刷　　新华书店北京发行所发行
2016 年 3 月第 1 版　　2016 年 3 月北京第 1 次印刷

开本：787mm×1092mm 1/16　　印张：11　　插页：1
字数：260 千字
定价：80.00 元